皮革與生活

張岱明—著

序一

台灣製革業自 1949 年遷台，七十多年來，有過蓬勃發展的機運，也經歷過多次變革。全盛時期，製革廠甚至多至四五百家。然而，榮景不再，如今碩果僅存的廠家，剩卜不到一成。這麼多年來，關於製革業的相關著作，僅僅兩套叢書出版——亦即林河洲老師的作品（《皮革塗飾工藝學》、《皮革染色學》等，秀威出版社），以及逢甲大學工業工程系出版的皮革叢書。這些叢書雖然內容精闢，然都偏向於技術及管理方面的介紹，外行讀者較難領略其中堂奧。

慶幸有岱明兄耗費近十年的光陰，投書於《鞋訊》雜誌及網站的發表。其文筆深入淺出，容易普及；文字平易近人、活潑生動，讀來有趣；加上他個人在皮革行業三四十年的經驗及心得分享，引人入勝。在此 COVID-19 肺炎疫情衝擊下，多數人心情低落，很需要能提振士氣、鼓舞人心的資訊。真的非常感謝張總〔張岱明先生為世界第一大皮革化料公司，斯塔爾（Stahl）集團，前大中華區總經理〕跟我們大家分享

他寶貴的人生故事！

　　談起我個人與張總兩人的結緣，始於我自英國北安普頓大學（Northampton University，著名皮革專業大學）1981 年畢業之後，回國創立的德昌皮革製品股份有限公司。那時，他就開始不斷地與我分享企業經營如何在國際市場尋找一席之地的見解。尤其他進入國際化料大廠 Stahl Chemical Company（斯塔爾化學公司）服務的那些年，更經常將世界各國的相關資訊分享給台灣的製革界。確然，張總這種「立足台灣，胸懷世界」的企業經營態度，以及永遠不斷學習和成長的精神，非常值得我們學習。

　　岱明兄一生孜孜矻矻，貢獻自己三四十年的青春歲月於皮革化工製造業，近年退休後，仍然忙碌奔波於港、台兩地，投身普及皮革專業知識的事務中，誨人不倦——講學於逢甲大學和世界台商皮革協會（TILA）合作的皮革製作課程，以及台灣鞋業基金會的課程。

　　岱明兄多年來熱心於台灣製革界和鞋業界的人才

培育，這種犧牲奉獻的無私精神，實在令人尊敬。

值此 COVID-19 肺炎疫情期間，岱明兄終於有時間將他發表於各媒體平台的文章和心得編輯整理，付梓成書，為我們年輕的夥伴保留了清新又生動易懂的學習資訊。

承蒙張兄不棄，交付我寫序的任務，與本書的讀者們分享我個人先睹為快的心得。在此，感謝各位朋友的支持，使得本書得以順利付梓。感恩！

白志祥

作者按：白志祥先生是台灣皮革界的大老，是德昌皮革製品有限公司董事長，曾經擔任國際皮革協會會長、台商世界皮革聯合會會長。

序二

　　在我踏入皮革行業之前，皮革對我而言只是一個材料，一個陌生且昂貴的材料。但在我踏入皮革行業之後，才真正了解到皮革不僅僅是種材料，更是一種藝術品，一種生活方式和見證人類演進的歷史。

　　當知道張岱明（Joseph）先生要將其幾十年的皮革知識、皮革製作和經驗撰寫成書時，我覺得十分欣慰，因為這是對於整個皮革行業的一個很好的推廣。在看過該書的內容後，我更深信這是一本人人都能看懂並能產生共鳴的皮革生活書籍！Joseph 本身經歷就是一本世界皮革化工及皮革發展的濃縮歷史。他對於皮革業的見解既獨到又細膩，也由於深愛皮革業，因此數十年如一日地熱情投入其中，這些都是讓我非常佩服及尊敬的。他在退休後仍然不辭辛勞地到處開課，教導喜好皮革製作的工藝家如何製作精美的皮製品。在課堂上，對於皮革業的歷史及概念，Joseph總能聲情並茂地娓娓道來。「張老師」這個頭銜，正是多處手工皮革工作室的工藝師們對他的尊稱！

　　如果想要找一本敘述簡明生動而又內容豐富的著作，來了解皮革歷史、皮革知識和皮革製品的話，我會推薦張岱明先生這本書。那麼，就讓他藉著這本書帶你進入皮革的世界吧。

游正仁

作者按：游正仁，現任國際皮革技術及化工人員協會（IULTCS）會長。

序三

　　張岱明先生任職於斯塔爾（Stahl）化學公司大中華區總經理時，經常受邀到我任職的四川大學皮革工程系交流、講學，與師生分享皮革化工材料的應用經驗及皮革製造理念，深受師生的歡迎，那已是十多年之前的事了。

　　記得我上一次與張岱明先生相遇是 2012 年於台灣召開的第九屆亞洲國際皮革科技大會上。我見到他時，他正一邊聽學術報告，一邊用一支彩色筆在一個真皮皮包上繪製圖案，皮包是會務組統一贈送給每位參會者的禮品。他繪畢圖案的皮包顯然比我們手中的皮包漂亮了許多，更像是一個藝術品。我拿過來看時已愛不擇手，於是懇請張先生與我交換皮包。他欣然同意，吾大喜。至此，我意識到張先生不僅是一位致力於把皮革做得完美的人，更是期望皮革成為伴隨人們生活的藝術精品。

　　因此，當得知張岱明撰寫了《皮革與生活》一書時，我甚感興奮。張先生在皮革行業四十年的工作經

験，以及他對皮革的獨特見解，使他成為最適合寫這本書的作者；而該書無疑也是當今社會特別需要的科普讀本。在這本書中，張先生用深入淺出的文筆介紹了皮革的製造藝術、歷史演進和內在之美，使人深深地體會到，一雙皮鞋，一件皮衣，一款皮包，一縷皮飾，伴隨著人類的前世與今生，關聯著人類的過去與未來。該書中也穿插了一些關於皮革的有趣故事，例如〈牛皮與法律〉一篇，即意趣橫生。細細品味這些故事，獲得的啟發會遠遠超越皮革知識本身。

在祝賀該書出版之際，深深感謝張岱明先生付出的辛勤勞動。謹為序。

石碧博士

作者按：石碧博士，中國皮革化學與工程專家，四川大學皮革工程系教授，中國工程院院士。

第二輯 **皮革・日常**

皮球是怎麼來的？

中國人很早就踢足球，從春秋戰國時代開始，即有這個運動，當時稱為「蹴鞠」，意謂用腳踢球。「鞠」這個字是「革」字邊，顧名思義，可知球是用皮革來製作的。早期的球是實心的，球內塞入很多稻草或是米糠。「鞠」真正的大變化是從唐朝起始，球膽改而用牛膀胱為材料，將牛皮革切割成八片，然後用手工縫製，做成一個形似西瓜的球。我認為這個做法，有可能是從切西瓜方式，學過來改進的，因為一個西瓜通常開八片，比較容易拿來吃！因而模仿，縫製八片做成皮球，這是唐朝的做法。到了宋朝，原先的八片球增為十二片，縫製成的外型更加渾圓。

第一輯

皮革 · 歷史

有了吹氣牛膀胱球膽的皮球，彈性大增！

膀胱這個器官還有另外一個名字，叫做尿泡，現代很多人將之當作食物，我們平常吃的牛雜，說不定就有它。吹牛皮任誰而言都不大容易，但要說吹膀胱球膽，那就不難了。

現在的足球，球膽都是用硫化橡膠製作的，但話說一百多年前，還沒有這材料呢！直到 1852 年，因為一個意外，查爾斯·古德伊爾（Charles Goodyear, 1800-1860）才發明了加硫橡膠。從此合成橡膠有了可塑性，取代了很多皮革材料，所以現在的人很少穿牛皮底的鞋子了！

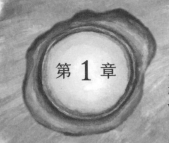

第1章 皮革簡史與植物單寧

植物鞣劑，History of Leather and
Vegetable Tanning Extracts

　　人類鞣製皮革的歷史頗為悠久，最早的獸皮來源是狩獵取得，然後人們才開始圈養或放牧動物，有了固定肉食來源，而副產品——動物皮毛，就成為人類穿著衣物的開始。當時的生產方式比較原始，就是把毛皮加上鹽後脫水曬乾，再加上脂肪，用腳踩手揉方式把皮給搓軟，這種處理過程與醃製食品的方式很接近。在希臘人荷馬（Homer）寫的史詩《伊利亞德》（Iliad）中有記載，描述當時亞述人（Assyrians）如何用皮來製造皮鞋及液體容器（用來裝水的皮囊）。後來有人用樹枝及綠色樹葉燒火，用煙燻乾，也可以防止動物皮腐敗，更可以消除皮的異味，竟然意外發現了醛鞣劑（formaldehyde），這是後話。

　　在西元前三千年左右，兩河流域的米索不達米亞（Mesopotamia）的蘇美人（Sumerians），已經

世界上最古老的牛皮鞋，足足有五千五百年的歷史。

有女人穿著皮長裙，而腓尼基人（Phoenicians）會用皮來做船上的水管，埃及人則除了用皮做衣物外，還用來做手套及裝飾品。羅馬帝國時期，皮革已經廣泛應用於各個省份，用來製造皮衣、皮鞋和軍人身上的皮革護具，以及馬的鞍座及韁繩。在義大利龐培（Pompeii）古城中，還有皮革製造設備的遺跡，火山爆發灰煙覆蓋，過了一千八百年後，我們見證了古代的文明。而在 1947 年，有牧羊人走進死海附近的庫姆蘭山洞（Qumran Cave），意外發現了二千年前抄寫成的死海古卷（Scrolls of Dead Sea），分別用了三種文字——希伯來文、希臘文及阿拉米文，將經文寫在羊皮上。這份經文抄本是基督宗教的重要聖經文獻資料，為天主教梵蒂岡教庭所承認，世界馳名，

非常珍貴。

　　到了西元八世紀，西班牙（伊比利亞半島）被信仰伊斯蘭教之騎術精湛的摩爾人（Moors）所統治，有名的科多瓦皮（cordovan leather）就是在那個年代開發出來的（如今稱為馬臀革，價格高昂）。當時伊斯蘭教的哈理發首都就在科多瓦，西班牙名是Cordoba。科多瓦有名的主教座堂，原先是被建造成伊斯蘭教風格，後來基督教「收復失地運動」的軍隊在 1492 年，把摩爾人完全逐出該地，這座穆斯林清真寺才被改建成天主教堂。有趣的是，土耳其伊斯坦堡的聖索非亞教堂，則先是天主教風格，東羅馬帝國滅亡之後，馬上被改建成伊斯蘭教的禮拜堂，其歷史發展軌跡正好與科多瓦主教座堂相反。由於摩爾人是阿拉伯人的一支，所以高大的阿拉伯馬當時在歐洲也普遍可見。由於阿拉伯馬在軍事上的優勢，很多歐洲國王甚至開始培養阿拉伯馬。如今摩爾人因為信仰、語言和文化的改變已經泯跡於各族群中，然而科多瓦馬皮風格及名稱，卻流傳至今，西班牙騎術學校更是全球聞名。

　　中國人穿著皮裘的歷史也很長久，在《論語》中也曾提及。子曰：「盍各言爾志？」子路曰：「願衣裘與朋友共，敝之而無憾。」子路是孔子門徒中比較富有的，可見在東周春秋時代，穿著裘革已經是富人的享受。但是，中國人畢竟是吃豬肉為主，豬皮大部分都被吃光了，而牛、羊和馬的皮在中國古代農業社會相對地較少，所以皮革製品不多。除了羊皮及羊毛做的衣履之外，牛和馬是屬於生產工具，基本上很少食用。有句諺語說：「三個臭皮匠，勝過一個諸葛亮。」可見人們一般認為做皮的人頭腦還是可以的。另外，這句諺語也指出一個事實：做皮的人身上，往往會散發出一股腐臭的味道，這也很符合製革的背景。今日依然有很多人受不了生毛皮的味道，因而害怕進牛皮廠呢。

　　至於人類什麼時候開始用植物單寧來鞣皮，確切時間點已經無從考證。根據金字塔及古埃及出土文物，可知距今四千多年前，人們已使用植鞣。中國的周朝（西元前 1046-前 256），設有「金、玉、皮、工、石」五官，朝服中的皮弁，即是用鹿皮製的。

因此，關於植鞣的應用，比較合理的解釋，應該是在上古的某個時期，人們用樹枝或木棍打軟皮乾時，偶然中發現植物表面的單寧酸進入了皮裡面後，可以產生良好的防腐處理效果，遂廣為使用了。幾千年之後，第二次工業革命（1870-1914）前夕的西元1858年，發現了鉻單寧（chrome tanning）後，人們開始使用硫酸鉻等鉻鹽鞣製，這種方法製作出來的皮革，比植物鞣革柔軟，褪色和縮水程度都小，並且便於染色。於是，鉻鞣革逐漸取代植物單寧，植鞣皮生產總值才減少了。但是，在第二次世界大戰期間，美國國防部仍然把植物單寧視為戰略物資，可見皮革在戰爭中扮演的角色之重要性。一直到二戰結束後四十年，美國政府才把數以千噸的植物單寧，放到市場拍賣。今天美國軍人的手槍套，以及陸戰隊員用的刺刀柄，還是用植鞣革牛皮做的。

　　關於植物單寧的來源及生產方式，下回分解。[1]

1　我曾經到訪西班牙的科多瓦城及土耳其的伊斯坦堡，也看過義大利的龐培古城遺址，所以在這篇文章中，有些歷史知識是「行萬里路」親身體驗後獲致的。

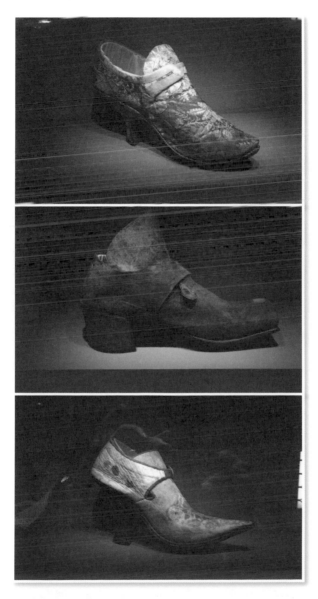

十八世紀歐洲貴族所穿的鞋子，收藏在德國達姆斯特城的博物館

第 2 章 介紹植鞣劑

Wattle Extracts, Vegetale Tannin Extracts

很多朋友喜歡植鞣革，我也寫過有關植鞣革的文章，現在我要把植物鞣劑，亦即俗稱的栲膠，給大家介紹一下。

植鞣劑是一種天然多元酚羥基（OH）的有機物，其化學分子式之長非常嚇人：$C_{76}H_{53}O_{46}$。植鞣劑也可以稱為鞣酸（tannin acid）或是單寧酸，外觀是淺黃棕色到深棕色的不定形粉狀物。很多水果未成熟時都有單寧酸，我們喝的茶葉中也有單寧酸，但未必能用來鞣製皮革。

有些地方把植物鞣劑叫做樹皮粉，或是樹膏，其來有自，因為它們是由樹皮提煉出來的。植物鞣劑用量最大的一種叫做米磨砂（mimosa），也有人叫做荊樹皮栲膠，最早的種植地是澳大利亞，後來英國

人引進到南非大量種植。因為這種樹長得快，木頭可以做傢俱及船木，有經濟價值。荊樹英文學名為 Acacia，屬於含羞草科，它的葉子也長得像含羞草。也有很多人叫它做金合歡木，因為這些樹會開黃金色的花；有一些開白色的花，這種的就叫銀合歡木。目前全世界在南半球非洲及南美洲產量最多，英文通稱為 wattle。

　　植物鞣劑一般屬於非常苦澀（astringent）的弱

作者攝於皮革店前。後方陳列的半植鞣革是由藍濕皮複鞣製作，手感接近植鞣革。

酸性粉狀物體，通常是從木材廠中脫下的樹皮，經過蒸餾過程，變成液體，然後用噴粉乾燥（spray dry）方式製造。通常市場上賣的植物鞣劑，有效的鞣酸成分在 70% 左右，價格在一千多美元一噸；受到氣候變化影響，價格會浮動。

植鞣劑因為擁有很好的染色及填充效果，所以不僅止於用在植鞣皮，也廣泛地使用在鉻鞣藍濕牛皮的水廠複鞣過程中。可能在鉻鞣皮用量上，還比在植鞣

植鞣大底革面，厚度從 3 mm 到 6 mm 都有。
以前，皮鞋不只是鞋面用牛皮，鞋底也是用植鞣牛皮，走起路來威風堂堂，步步有聲。
五十年代是皮底鞋的黃金時期；到了現在，只有名牌鞋才能用得起了。（附帶說明，這些底革是以公斤計價。）

皮多些，畢竟目前為止，市場的主要皮革還是以鉻鞣為主。

現在做植鞣牛皮的工廠，大部分都用轉鼓來鞣製，所以都會用粉狀鞣酸；但是，還有一些工廠依然用古法製作，就是在水池浸鞣（pit tan）的方式，浸泡時間從幾星期到幾年都有。為了降低成木，除了用 mimosa 外，他們也會出去收購樹皮，用機器打碎後，再放入鞣皮水池，增加單寧酸濃度；英國有一家有一百六十年歷史的皮革廠，目前還有用這種方法生產植鞣牛皮。

除了米磨砂（mimosa）外，還有其他原料的植鞣劑，如栗木栲膠（chestnut），因為可以使皮革比較緊實，用在重革（底革）上面也是不少；其他還有檳榔栲膠（gambier），染色性強，以及塔拉（Tara，一種豆科灌木，又稱刺雲實）膠，用在汽車座墊革上面。

27

第3章　皮革的大小及部位差

　　皮革在英文的通稱是 leather，但在皮革原料上面，名稱就很多了，牛皮通稱為 cowhide，而羊皮是 goat skin，綿羊皮叫 sheep skin，豬皮是 pig skin。

　　如果把牛皮原皮再細分，那麼就更多名稱了。大公牛皮英文叫做 bull hide，這是沒有去勢的公牛，通常拿來當配種，也有一些是放養的。配種的牛特徵是大，我看過一張號稱是世界上最大的牛皮，有一百零六平方呎，是由一隻西班牙的種牛上取得，以面積來算也有台灣人所謂的三坪大，比一些香港人住的板房（隔間而成），都要大很多。這種牛皮，通常牛的皮紋較粗，過去是拿來做植鞣牛皮鞋底革或是馬鞍革，供應量不是很大。由於大公牛的體積大，衝起來

氣勢雄偉，所以在紐約市華爾街股市交易所，前面就擺了一個大公牛的雕塑，而 Bull Market（牛市）也代表市場向好。

目前生牛皮供應量最大的是去勢的公牛，英文叫做 steer（閹公牛）。由於歐美國家食用的牛肉，講究肉質鮮嫩，所以在出生不久後，就把公牛閹割了。我在小時候也看過閹割公雞的過程，記憶猶新，一轉眼已經是六十年過去了。至於為什麼美國人習慣把牛皮叫 cowhide 而非叫 oxhide，這個問題我也不知道怎麼回答了。目前，美國德州閹公牛皮的價格，是一個市場價格指標，而在該州的沃斯堡（Fort Worth）每年都有牛隻的選美大賽（Stock Show），而最大的牛皮交易中心及牛肉屠宰包裝地，則是在該州西北部的阿馬里洛（Amarillo）。順便一提，德州面積比法國還大，只有平原及丘陵，最高的山才二百米高。如果人類不吃牛肉，那麼我們就不會有那麼多牛皮產品。現在除了非洲及印度、巴基斯坦兩國還有一些地區用牛來拉車，或是作為耕牛使用，養牛的主要目的都是為了食用。然而，養牛需要耗費很長的時間，

而且養牛產生的甲烷氣體，也是氣候暖化的可能原因之一。

除了閹公牛皮外，還有乳牛皮（diary cow）。這種用被淘汰的老乳牛製作的皮，供應量也很大，一般用來製作服裝及沙發。

另外，還有小母牛皮（heifer skin），因為是未生育過的母牛，皮質較細，面積也小些；與 heifer 相對的，則是叫 kip 的中公牛。由於歐美人士對於肉食小牛肉有需求，所以也有 calf（小牛皮）的供應；這種皮手感好，但厚度較薄，適合做高級手袋、皮夾及高級的女鞋。牛皮中最好的就是 baby calf，俗稱胎牛皮；這種皮來源很少，取用初生之公乳牛及食用小牛中體型較小的，胎牛皮的面積約十平方呎左右，比一般羊皮大不了多少。

美國、澳洲、巴西以及阿根廷是出口牛皮大國，歐洲牛皮則大部分自用而不外銷，非洲牛皮現在出口成長也不少，可能因為生活水準提高了。

歐洲常見、台灣罕見的　　胎牛毛皮（baby calf）
胎牛毛皮　　　　　　　　製成的鞋

　　牛皮裁切的面積大小，主要視用途而定，並非愈小就愈好。比如做沙發、汽車座墊、服裝等，因為要提高利用率，一般取用整張皮（full hide，又稱全裁），而不需要把皮開邊（side，又稱半裁），所以六十平方呎大小的全皮，經常可見。製作這類商品的工作設備，自然比較巨大，機器設備寬度少說也有三米。至於做開邊皮的工廠，設備佔用到的空間就小得多，設廠成本較低廉，這也是為什麼牛皮一般都是開了邊生產及銷售。至於羊皮及豬皮，相較於牛皮就小

得多了，那就沒有開邊的必要啦。

　　世界上最大的肉品公司，都是在美國上市的公司，JBS（巴西肉類最大供應商）和 IBP（Tyson）雙雙名列牛皮最大供應商之中。

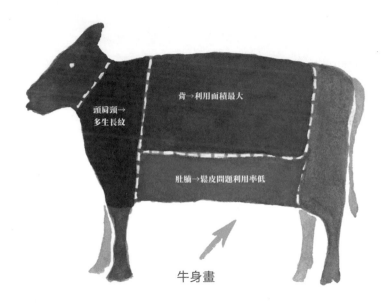

牛身畫

　　一張牛皮，有頭肩頸部位，通稱 shoulder；另外有肚腩（belly），而利用面積最大最多的部位就是背部（butt）。通常在頭肩頸部分，有比較明顯的生長紋（birth mark），很多做包袋的人，特別喜歡這個觸感，可以觸摸到皮革自然成長的痕跡，確證這是如

假包換的真牛皮。但是，對於鞋廠或做鞋的人而言，不規則的紋路，使得鞋子配雙變得不容易；另外，他們對於血筋紋（blood vein）也很在意，在皮鞋明顯部位會避開這類瑕疵。植鞣皮有時不開邊來製作，但有很多義大利的皮廠，會在毛皮階段就直接把頭肩及肚腩部位切除，只用背部最好部分鞣製。這些頸部及肚腩部位的毛皮，中國有很大的需求，用來做小皮件，因為價格便宜；另外，還可以抽取膠原蛋白及做食用明膠之用。有一種叫做阿膠的補品，就是用驢皮來煎熬提取膠質，聽說有補血養生保健作用。順便一提，馬皮的強度不如牛皮，只有馬背屁股部位纖維組織比較結實，所以用馬皮的人不多。另外，吃馬肉的人也不多，因為供應量不足，所以並非皮革製品的主流。

植鞣皮經常有肚腩部位的皮在供貨，一些義大利皮革廠商，可以把原本鬆弛的肚腩皮，做得緊實平整，一張十平方呎左右的長條，拿來做皮件及皮夾，非常合適。而在鉻鞣牛皮方面，肚腩皮可以用在包袋的次要部分，比如底邊位置，做鞋就用在鞋舌處。肚腩皮最容易有鬆面（loose grain）問題，使得該部位的牛

皮利用率降低。另外，牛皮是天然產物，所以刺刮傷、蟲咬傷，或寄生蟲疾病，都會造成皮面利用價值減低。此外，美國牛皮至今依然存在烙印疤痕問題，這也使得皮革廠頗為頭痛。

不吃肉，哪兒來的皮？不過，由於健康原因，吃紅肉的人愈來愈少，在歐美先進國家，幾乎是呈現下滑趨勢，自然也影響到牛皮的供應。另外，中國人喜歡買帶皮豬肉，豬肉與豬皮一起吃掉了。很多人喜歡吃鮭魚，其魚皮也常被用來加工鞣製；和蛇皮的問題一模一樣，都因為強度不足，只能做成一些特殊風格的產品。爬行動物皮（reptile），諸如蛇皮、蜥蜴皮、鱷魚皮等，名牌產品大都用真材實料，所以價格不菲。至於市面上販售的仿真產品，大都是由牛皮壓花製作而成，尤其仿成鴕鳥皮，可以做到以假亂真的地步。

鱷魚皮的製品是身分的象徵，鱷魚皮計價的方式，是要看他的長度與寬度，越寬的越貴，因為使用價值比較高。鱷魚皮拿來製作的部位，都是鱷魚的肚子部分，背部是沒有什麼價值的。

手工鱷魚皮箱

　　上圖是一個手工製作的鱷魚皮手袋（包包），圖片中的鱷魚是非常大的。表面處理的方式非常漂亮，是純苯染而打光的方式製作，有收藏的價值。

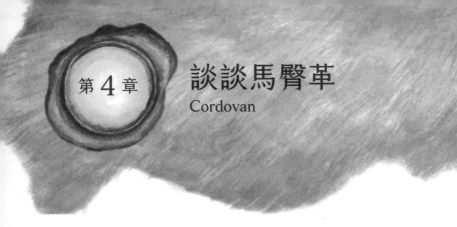

第4章 談談馬臀革
Cordovan

很多人問到，為什麼馬臀革會這麼貴？什麼是馬臀革？

Cordovan leather 是馬臀革的英文名字，而 Cordovan 又是由西班牙文的 Cordoba 一字衍生而來。Cordovan 這個名字來自西班牙的一個古老城市，科爾多瓦（Cordoba）。它曾是古摩爾帝國的主要製革中心。

在古代，馬肉是一些民族及國家的肉食蛋白來源，吃馬肉對這些民族的人而言，是再平常不過的事，情形就如同以前朝鮮及中國大陸人民吃狗肉的習俗一般普遍。現在由於牛、羊、豬、雞、魚等動物蛋白供應充足，吃馬肉的人也減少了，美國、加拿大及英國已經明文規定不准買賣馬肉，因為養馬已經等同於養寵

馬臀皮

物，和養狗、養貓一樣了。但是，還是有部分人喜歡
吃馬肉，包括法國人、日本人，以及中亞地區的民族，
甚至有馬肉刺身（日語「刺身」意謂切成薄片的肉）
壽司。馬肉吃起來的味道與鹿肉接近，也有混合牛肉
的做法，例如漢堡肉。目前世界上供應做食用的馬的
數量，每年大約是四百七十萬頭，比起牛、羊、豬等
家畜，微不足道。物以稀為貴，所以馬臀革價格就比
一般牛革貴，尤其是一些名廠生產的。

　目前世界上生產馬臀革的國家以美國、英國、義

大利為主，都是以植物丹寧鞣製處理，與生產植鞣牛皮方式大致相同，但通常是把脫毛後的酸皮（pickled hides），浸在植鞣丹寧酸的水池三個月至三年之久，視客戶要求而變更。

馬臀革，顧名思義，就是在馬屁股左右兩邊大約二三平方吋的部位割下來的，割出來的形狀有點像蜆，所以也叫做 shell cordovan leather，不方也不圓。這部位的馬皮很結實，不容易起皺褶，而且平滑，在一百多年前開始，就是理髮師用來磨刮鬍鬚刀的好幫手，現在則是用在高級鞋及皮具上。由於是植物鞣處理，所以拋光加工後（與植物鞣牛皮的表面處理方式接近），手感與光澤可以持續下去。至於馬皮的其他部位，會拿來做手套皮及一般鞋皮。馬臀部位由於緊實，染色時間較長，通常生產的顏色都是黑色及深棕色為主。

由於馬肉不是大量供應，沒有人吃肉，哪裡會有足夠的皮？所以專門生產馬臀皮的工廠並不多，有些工廠也是以生產植鞣牛皮為主，副產馬臀革，市場需

求決定一切，沒有訂單，就不生產。

　　馬臀皮做的一些精品名牌鞋，通常一雙要價台幣兩萬元以上，還是有許多人喜歡而購買。

蜆形馬臀革（shell Cordovan leather）

馬臀革短靴（cordovan leather boot）

第 5 章　什麼是納帕革？
What is Nappa Leather?

我們經常聽到納帕革的名稱，但納帕革的定義到底是什麼？

一般來說，納帕革是軟革的通稱，大部分都是水鼓染色出來，但也有白色的納帕革。納帕革可以是牛皮、小牛皮、山羊皮或是綿羊皮製作的，至今仍沒有一個明確的測試方法，來決定多麼軟或是多麼硬，才能使用納帕革之名。

納帕革可以用來製造沙發及汽車座椅、服裝、手提包，以及男女用鞋，但若是拿來當室外鞋如登山鞋等，就不大理想。

納帕革可以是全粒面革製作，也可以接受修面革，可以是全苯染的表面處理，也可以做半苯染塗飾，

只要具有柔軟（supple）的皮身，及細密的表面紋理（tight grain）即可。

在西元 1858 年前，所有製作皮革的鞣製方式，都是使用植物丹寧，因此不易製作出柔軟的皮革。在西元 1875 年有一位技師，伊曼紐爾・孟納世（Emanuel Manasse），在替加州納帕谷的索爾皮革廠（Sawyer Tanning Company）工作時，用金屬單寧開發出了手感柔軟的牛皮，因為這家皮廠所在地叫納帕，所以當時就取名為納帕革了。現在這家皮革廠已經不存在了，我在 1986 年前後，曾經見過他們老闆，很風趣的一個人；他說在他們工廠內，英文是不重要的，只要會說西班牙語就可以了，因為他們的工人幾乎全都是墨西哥人。時隔三十年，這種現象也存在於台灣的皮革廠裡面，比方說台灣的大園德昌製革廠，三分之一都是東南亞外勞。義大利的皮革廠，也是用非洲的移民工人為主。

一般來說，納帕革的厚度不應該超過 1.4mm，否則就太厚重而不輕軟。天然皮革如果太重，有些消費

者不買單，太重的手提包不受歡迎。大部分的納帕革厚度在 1.0 至 1.2mm 之間，女包或女鞋可以用到 0.8 至 1.0mm 的厚度，通常是由皮革製品的需求而定。

納帕革也可以做到高物理性質的要求，比如說耐光性 (light fastness)、耐乾／濕摩擦 (dry rub fastness / wet rub fastness)、耐水洗 (washable)、耐膠帶 (tape test)、耐曲折 (flex test)、耐冷裂 (cold cracking)、耐爆破 (ball test)、耐撕裂性 (tear strength) 等測試，視客戶的要求而變更，通常有品牌的產品，都會採取較嚴格的標準。

納帕革幾乎都是頭層鉻鞣皮，至於如何使皮革製作成柔軟而不鬆面，這是皮革廠技術的關鍵，經常要看到原料皮才能決定，並不是隨便找哪家皮革廠都能生產出好成品來。市場上的納帕革雖然多種多樣，一般而言，價格愈高，品質肯定也愈好，利用率也較高。但是，生產成本增加了，售價能不能提高，就要看工廠的客戶，願不願意面對現實。市場是很殘酷的，近年來，不少名牌的鞋公司，如耐威斯特 (Nine West)

及羅兌波特 (Rockport) 相繼申請破產重整，就是市
場競爭激烈的後果！

用納帕革做的牛皮椅墊

第 6 章　為什麼喜歡植鞣革？

　　大約在 1986 年，美國的一份皮革與製鞋雜誌，登了一個廣告，有數量重達八百噸的栗木（chestnut）植物單寧要拍賣。大家都覺得好奇，怎麼突然會有這麼多的存貨求售，因為植鞣皮已經不再是主流產品了，市場沒有這麼大的鞋底牛革需求啊。後來才發現是美國國防部把庫存的戰略物資大清倉！因為二次大戰期間，牛皮及植物單寧都是戰略物資，必須維持一定數量的庫存。後來，由於橡膠製品的出現，鞋底採用橡膠取代了皮革，栗木單寧因此不再是戰略物資，以致於淪落到拍賣市場去了。

　　在西元 1858 年之前，所有的皮革都是植物單寧酸鞣製的，一直到二次世界大戰後，才逐漸從市場消失或減少。台灣在二十多年前已經不再生產全植鞣牛皮

了。相對於鉻鞣皮，植鞣皮是比較傳統而費時的生產工藝，所以到目前為止，鉻鞣方式生產的皮革製品，佔了九成以上的市場。水場前段生產過程中，植鞣皮用的是植物單寧，俗稱栲膠，所以植鞣皮也叫做栲膠皮；在廣東一帶，因為植物單寧叫做樹膏，所以也叫樹膏皮；在台灣的名稱，則是澀木皮（台語發音）。

植物單寧是取自於大自然中的樹木抽取物（wattle extracts），比如栗木（chestnut）、楊梅荊木（mimosa）、橡木（quabraqio）、檳榔木（gambier）、塔拉（Tara）等，因為可以生物降解（biodegradable），所以比較環保。

而鉻鞣皮用的是鉻鹽（chrome salt），或是硫酸鉻，溶水性佳的無機鹽，使皮革鞣製過程縮減至一晚或是更短。鉻鞣，相對於傳統的植鞣製程技術，可以增加皮革的豐滿感、物理強度，以及皮革面積，保存期限更長，所以目前世界上大部分的皮革工廠，都是用鉻鞣為生產方式。鉻鞣皮在製造過程中，也可以做到最好的清潔生產方式，可以回收廢水，不會造成污

染。值得一提的是，目前鉻的回收率都在 97% 以上，所以說不一定鉻鞣皮就會有環境污染問題，主要看工廠願不願意投資做環保工程，這是關鍵。

在一百多年前，生產植物鞣皮有一種特性，就是存放在空氣中愈久，因為氧化及日曬雨淋的關係，就會隨著時間流逝，顏色加深，甚至於產生多色深淺差異的 patina（可譯為古色）效果。由於當時生產的栲膠（植物單寧，vegetable tannin）品質不夠純、不夠穩定，再加上使用的油脂品質，在製造過程不夠完善，以致植物鞣皮有一種強烈的味道，有人喜歡，有人討厭。當時的生產方式，就是把脫毛後的酸皮，以垂直吊掛方式浸泡在水池（pit），經常去翻動，不時加入植物單寧，經過幾個星期或幾個月，甚至一年，讓鞣酸取代水存留在皮內，也把動物蛋白轉換成纖維組織，然後加入油脂，乾燥後，皮就成了革，再也不會腐爛了。

如今除了少數以鞋底重革為主要產品的皮廠，還是用水池浸鞣（pit tan）外，大部分都已經改成轉鼓

植鞣大底及重革

鞣皮,生產效益就增大了,也可以配合市場需求而供應。

　　由於科技日益進步,合成皮已經做得貌似真皮革,應用在生活的方方面面,愈發壓縮到天然皮革的市場。由於真假皮革價格差距頗大,一些比較普通的產品,早已經被合成皮所取代。然而,植物鞣革由於本身的特殊性,不容易被合成皮所仿製外,其古典風格變色的效果,也是合成皮難以模仿的,至少目前仍做不到。另外,植鞣皮特有的皮革味道,也是合成皮仿

不出來的。

　　這也是很多人喜歡用植鞣皮的皮革製品的原因，因為沒有人會懷疑是假皮做的！而且，皮革塗飾科技之進步，現在也可以在植鞣皮上做到各種彩色、變色、油蠟效果了。

　　植鞣皮的訂價，有以呎數計，也有以公斤計，後者通常是重革或是底革，厚度大都在 3mm 以上至 6mm。

植鞣的手提包

一些鞋面後處理的效果（也可用在皮件上）

可以在植鞣牛皮或是鉻鞣牛皮上做到一樣效果，而植鞣牛皮的效果比較自然及光亮，過程如下：

1. 手染造成雙色效果 two tone effect

2. 加上皮革乳液

3. 用布輪打上粗蠟 abrasive wax

4. 再用羊毛輪打 Canauba Wax 亮光蠟，效果就可以出來。

第 7 章　二層革

Split Leather，俗稱榔皮

　　俗話說：「一隻牛剝雙領皮。」這是形容受到雙重剝削；話說得誇張，但很傳神。實際上，一條牛絕無法剝兩次皮，道理很簡單——因為牛天生就一領皮呀。不過，不管是牛，是羊，是豬，牠們的皮都可以被剖開成好幾層皮——有頭層皮、二層皮，甚至三層皮，應用在很多地方。

　　頭層皮，包含表皮及粒面層，耐用性強，價值也最高。二層皮（或稱二層革）沒有原生表皮，所以表面較粗糙。很多人對於二層革有點誤解，以為二層革纖維組織密度較低，抗拉強度也較差，因此是沒有什麼經濟價值的產品，其實不然。現在解釋給大家了解。

　　照片上的這隻名牌運動鞋，在其鞋頭部分，用的就是二層牛皮反絨，也就是英文的 suede split（坊間

二層革製作的名牌鞋子（鞋頭部分）

有人稱作麂皮，但真正的麂皮其實是另外一種鹿科動物皮，正確來講應該叫反毛榔皮。）

　　牛生皮進行去油、去脂、脫毛和鉻鞣處理後會呈藍色，且含有水分，一般稱為藍濕皮，又叫做熟皮。熟皮經過剖層處理後，其中的二層藍濕牛皮（wet blue split）經常會由一些專業工廠製作成皮胚，然後貼上 PU 膜。PU 膜也叫做移膜革（action leather，有人稱半真皮），通常拿來做鞋革和皮帶革。由於這種二層革價格較低廉，有競爭力，又可以使用皮革之名，所以生產量很大，尤其用在運動鞋上。

　　在汽車座墊方面，也用到很多二層革的塗飾牛皮，

通常用在汽車內部較不顯眼的地方；此外，家用沙發的後面部分，也會用到二層革的牛皮。

二層革，不管是牛皮、羊皮，或豬皮，用在鞋子的內裡，尤其是後跟部分，相當普遍。

二層豬皮反絨（pig suede），也是製作服裝革的主要材料，因為手感好且色彩繽紛，選擇性多，當然，也可以拿來做鞋面和內裡。

值得一提的是，美國材料與試驗協會（American Society for Testing and Materials, ASTM）曾做過測試，發現二層牛皮的撕裂強度，以同樣厚度及部位來測試，其實比頭層皮更強。有些人不求甚解，說什麼「二層革纖維組織密度較低，抗拉強度也較差」，造成一般民眾誤解，積非成是。

有些厚度在 2.5mm 以上的鉻鞣二層牛皮，也可以用在一些跳舞鞋底及輕便鞋底。

如果二層牛皮是在灰皮過程中片出的浸灰片皮

（liine split），很多工廠會用來製作膠原蛋白。可知，二層革除了是化妝品的原料外，也可以製作成藥品膠囊。

總之，牛、羊、豬等家畜的皮，處處是寶，其頭層皮外價值高，二層皮也不遑多讓。

二層牛皮反絨製成的鞋子　　二層羊毛反絨編成的鞋子

53

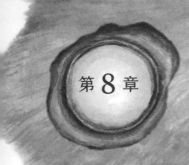

第 8 章　淺談漆皮 Patent Leather

　　漆皮在我們的現代生活中，佔有很重要的份量，用漆皮製作的鞋子，歷久不衰從世界級的名牌鞋，到一般的學生鞋或軍鞋，都可見到漆皮身影。此外，也有不少名牌喜歡用軟漆皮做皮包或服裝，因為漆皮的光澤非常搶眼，非常符合從事表演藝術人士的需求。

　　漆皮也可以叫做鏡面皮，顧名思義，說明其表面光滑得足可鑑人，可與明鏡相比。漆皮的英文名字是 patent leather，而 patent 是專利的意思。為什麼會用「專利」這個名稱，來形容漆皮呢？說來話長。

　　在西元 1793 年，英國伯明罕有一個發明家叫做漢德（Hand），聲稱他可以製作一種特殊皮革，既能防水滲透又能彎曲，帶有釉光澤，且容易清潔及擦拭，還申請到專利。後來陸續有幾個英國人，分別在

1799 年和 1805 年得到相關製造過程上的專利。由於
當時製革技術只有植物鞣做法，所以能夠把皮做得亮
晶晶，是一個大突破，於是就把漆皮取名為 patent
leather。

　　但是，真正把漆皮做成商品而成功的，卻是一
個美國人，他的名字是塞斯‧佰登（Seth Byoden,
1788-1870）。1819 年 9 月 20 日，他用亞麻籽油
（linseed oil）為基礎組合的塗層在植鞣牛皮上，做
出帶有高光澤的效果，用來做男士的高筒靴，一舉成
名。但諷刺的是，他從來沒有為自己的發明申請過專
利，因而從英國開始的 patent leather 這個專名，遂
沿用至今。當然，現在製造漆皮的技術已經不可同日

歷久不衰的漆皮名牌鞋

而語，而且在鉻鞣皮上做漆皮塗飾，也是容易得多，可以視客戶要求，做軟或做硬挺，技術上都沒有難度，從軍鞋到仿芭蕾舞鞋都包君滿意。

而在台灣，我們之所以使用「漆皮」這個名稱，主要是因為中國人的漆器歷史非常悠久，據說早在新石器時代就已經出現，因此很順口地就把光澤亮麗的patent leather 稱為「漆皮」了。否則，如果音譯為「佩騰皮」，或意譯為「專利皮」，肯定會把大家搞得一頭霧水，無法望文生義。

漆皮是一種很容易保養的皮，通常只要用濕布一拭就清潔如新，所以很多學校甚至於軍人，都會採用黑色漆皮鞋作為制服鞋。由於皮革化工的進步，在柔軟的綿羊皮上也可以做漆皮效果，而塗層可以薄到0.03mm，所以不會影響到皮革手感。

關於漆皮製造過程，其實與一般塗料皮大致相同，只不過在封底磨皮時要求更平滑，而且在淋漆時要注意不能產生氣泡，如果用噴漆方式，一定要用無氣（airless）噴槍。

市面上有很多種類的漆皮產品，是用合成皮貼膜方式製造，而非真皮製品，購買時要小心，千萬不要做冤大頭，用高價買下廉價的合成皮。此外，合成皮一般壽命較短，皮面也容易脫落。

胎牛毛鞋

這是一個法國名牌 Christian Louboutin 的男鞋，這雙鞋的特色是鞋頭用漆皮，但是鞋身是用少見的胎牛毛，由於自己有收藏一張小胎牛毛，所以看到這雙鞋，有點驚豔！奈何價格太貴，否則真的想收藏一雙。

第 9 章

淺說壓花皮
Embossed Leather

　　我們平常看到的皮革，往往有不同的花紋，比如說鱷魚皮紋（crocodile）、鴕鳥皮紋（ostrich）、爬行動物皮（reptile）。除了真正來自原生物種本身的圖案以外，這些皮革上面的花紋是怎麼形成的呢？我現在給大家一個解答。

　　在一般皮革廠裡，水場複鞣處理已經完成，完成乾燥工序的牛皮皮胚，進入了準備塗飾的階段。由於流行市場有不同的需求，為了滿足客戶的要求，皮革廠大都擁有至少一台以上的壓皮機。壓皮機，英文為embossing machine 或 press machine。並不是所有的皮都需要壓花（emboss），有些只須壓平或是熨平（press）即可。壓皮機有平板壓皮方式，也有用滾桶壓皮方式，目前皮革工廠用前者較多。平板壓

皮機器的平板有光板，通常是使用最多的板，不僅可以固定表面塗飾，還可以提高光澤及平滑感。壓皮時，溫度通常控制在攝氏八十度至一百二十度之間，視皮料及化工材料而定；時間則由一秒至十秒，甚至更久；壓力大小，也視皮料而定。通常壓力大時間長，皮革容易變硬。

壓花皮在皮胚階段通常需要經過樹脂填充及磨皮過程，這是因為動物皮受到天生自然成長因素所影響，不可避免地會有若干瑕疵；有些吃草野生放養的，皮上面更是傷痕累累，不足為奇。有些皮革還需要用砂紙磨兩次或是多次，才能達到平整要求，尤其是做高亮度漆皮的時候。

在這裡順便提一下，俗稱的磨砂皮（nubuck）——又稱牛巴哥（牛頭層絨面），或豬巴哥（pig nubuck，豬頭層絨面），也有人用「正絨革」稱呼之——這些皮由於鮮少做表面處理（通常僅做防水或油蠟處理），沒有用表面塗飾遮傷補殘，所以挑選牛皮時會先提升等級。通常在染色的皮胚或白色皮胚

上，經過磨皮機用細紗紙（400 號以上）打磨起絨毛（nap），使皮革表面有一種絨的舒適觸感，也可以在上面有書寫效果（writing effect）。磨砂皮的價格通常比較貴一些，牛巴哥是做室外鞋、工作鞋的主要皮料，登山鞋及美國陸軍軍鞋也是主要客戶。假如用二層牛皮或豬皮製成，就叫反絨皮（suede split），牛皮就叫牛二層反絨，也有人把它叫做麂皮，台灣一般俗稱反毛榔皮，香港叫猄皮。反絨皮通常用在運動鞋或室外鞋上，用作鞋內裡的也不少，尤其是豬皮二層。羊皮反絨皮，由於手感好，拿來作為女鞋皮料的也滿常見。豬皮二層反絨有時也應用在服裝上，但總體來說，豬二層還是用在鞋內裡多些。

牛巴哥（nubuck）包子鞋

　　一般而言，皮革廠都會置備多種不同的花板，平板是不可或缺的，此外如砂板、毛細孔紋板、大小荔枝紋板等，也都很常見。而且，花紋類似的板，還能做出各種變化。例如，鱷魚紋板，就有大花紋和小花紋之分；花紋位置也可以分布在不同地方，有些是在鱷魚背上，有些則在肚子上，很多都做得維妙維肖，難分真假。尤其現在科技發達，雕刻花板技術提升，甚至可以做出貌似編織的效果。知名品牌包包的產品，講究創意，每年都會推出不同的紋路。例如，某奢侈品領域引領者設計的水波紋牛皮，因為挺括、硬朗、耐磨等特色，一推出即爆紅，而且流行了很久。

以日本浮世繪風格作為印花紋路的牛皮馬丁鞋

壓花皮的產品，可以解決皮革工廠次級皮胚的出路。因為好的牛皮原料價格高，供應量又少，所以市面上壓過花的皮佔了一大半。沙發皮大都是壓紋皮，有些做得好的皮，還看不出來是壓花過的，有點像全粒面。若要分辨是整張皮或是開邊皮，可以從肚腩部位看出來。壓花皮也可以做到苯染風格的高級皮，很多義大利皮革廠成品，都做得很自然，而且手感極佳，所以價格相對也較高。俗話說：「物以稀為貴。」尤其是鱷魚皮紋，因為真正的鱷魚皮供應量不大，價格高昂也是理所當然。

　　由於壓皮機有尺寸限制，而且牛皮大小不一，花板壓的時候有接縫處，操作人員必須仔細把牛皮對板對好，否則接縫接得不齊，肯定影響成品的品質。現在，許多工廠採用滾桶式壓皮機（roller press machine），好處是花紋一貫，看不到接縫處，皮革的利用率也因此大大提高。

　　一直以來，壓花皮是皮革製品的主要來源，由於爬蟲動物皮風格蔚為時尚，保護稀有動物意識卻日漸

抬頭，為因應市場需求，仿鴕鳥皮、仿蛇皮、仿鱷魚皮的生產量和價格，雙雙提高。除此之外，各種大小包袋採用的荔枝紋皮面，至今依然是市場的重要組成部分。

真正的鴕鳥皮提包

真正的鱷魚皮鞋

第 10 章　日本皮革工業的前世今生 [1]

　　談到日本皮革產業發展的歷史，其實頗令人感到悲哀，不勝唏噓。為何這麼說呢？以前，在日本德川時期（1603-1867，又稱江戶時代），那些從事皮革製造者，被習稱為部落民（burakumin）。部落民是當時社會中地位最低下的一群人，他們被視為 hinin，用漢字來寫的話是「非人」，即是賤民；也被叫做 eta，漢字是「穢多」，非常骯髒的意思，與英文的 untouchable（不潔的，不可觸摸的）意思一樣。管理部落民的幕府官員叫做彈左衛門。部落民不能接受正規教育，更不用說去念大學了，就算進了國民學校，也會被其他人所排斥，被主流社會拋棄而邊緣化。

　　部落民只可以與自己同樣群體的人通婚，因此幾乎無法跳脫出這一個圈子。因為舊日本社會有很強的

正在鞣皮的穢多

階級觀念，與印度的種姓（caste）近似。直到西元1922年才有人想要消除這種觀念，可惜沒有全面啟動。在1946年，日本戰敗投降後一年，美國佔領時期，才把部落民的歧視待遇取消了。但是，在一般人的認知上，階級成見並不是那麼容易改變。尤其是日本人中門當戶對觀念根深柢固的華族，在婚嫁時，通常會做身家調查，如果發現對象是部落民後裔，那麼就是大代誌了。

1　本文部分取材自永原慶二（Nagahara Keiji, 1922-2004）所撰〈非人─穢多的中世紀起源〉（The Mediieval Origins of the Eta-Hinin）一文，載於《日本研究期刊》（Journal of Japanese Studies 5(2):385-403）；以及英文《日本時報》（Japan Times）的相關報導。

日本皮革業如今是受到保護的行業，有部分原因即在於轉業困難。不過，可能也是出於此一因素考量，現在更是愈來愈少年輕人願意投身其中了。

順便一提，今天東京的淺草地區，在一百五十多年前的江戶時代，正是製革業的中心。令人感傷的是，淺草的皮革工業早已沒落，該行業職人的子孫還有不少留在這裡，卻仍然被標籤化，受到歧視。[1]

2017 年的 3 月底，第 33 屆亞太區皮革展在香港舉行，日本皮革協會的會長和前任會長，都來參加了。他們說 2017 年的生意比以前好一點，卻遺憾地指出，日本是老年化很嚴重的社會，消費能力畢竟有限，皮革業再次興旺的機會並不是很大。

我在 1996 年曾經去過日本，也拜訪了幾家皮革廠，並到神戶附近的姬路城一遊。值得一提的是，姬路城的古蹟修復得很好，還列入世界文化遺產。他們

1　有一位日本歷史學家曾說過，歧視做皮革行業的人為「穢多」及「非人」等字眼，是日本人民的集體恥辱。因為做這些工作的人，道德上沒有錯，只是因為工作關係，必須接觸有臭味的動物屍體，取得皮毛，以為謀生之技能。

的皮革工廠並不集中，而是三三兩兩地分散在綠油油的稻田中，其中很大一部分是做汽車座墊皮革。因為日本畢竟是汽車生產大國，一些廠牌的高級汽車都會裝備皮革座椅。至於製鞋用的皮革，生產的數量相對地就很小。此外，其他諸如小牛皮、羊皮，以及特殊動物皮、植鞣牛皮等，仍然有一些小工廠在生產。整體而言，日本的皮革工業長期以來沒有什麼成長，甚至有繼續衰退的趨勢，這方面與台灣類似。但是，日本的合成皮（人造革）工藝之發展，在世界上卻一直居於領先地位。

三四十年前，台灣的豬皮鞣製及染色，大部分的知識和技術，都是從日本那邊學來的。現在台灣用的豬原皮，也是從日本來的比較多，因為美國的豬皮不好做。不過，製鞋用的牛皮一直都不是日本的強項。另外，日本的皮革化工，跟世界各國的水平相比，也落後於歐美。值得一提的是，日本的進口及銷售系統相當複雜，皮廠一定要經過經銷商才能夠買到化工原料，很少工廠可以直接進口。

早期的台灣，由於工廠規模不大，若想買生皮原料，很多時候都須經過日本的大商社來採購。所以說日本人在貿易方面還是比較強大的，例如丸紅株式會社（Marubeni），現在依然在全球做生皮貿易，歷久不衰。如今網路愈來愈發達，經過互聯網，所有的原材料價格都透明化了，很多工廠都可以直接做貿易，與過去的情形相比，真是不可同日而語。

　　日本的皮革製品工業，最近二十年來，有不少廠家外移到中國去生產。有些產品，是由日本人設計方案、打板打樣，在中國（現在越南也有）製造好了以後，運回來日本，經過品檢以後，再車縫上「日本製造」的標籤。日本最大的英文報紙《日本時報》（*The Japan Times*）報導的原文是：「Once checked, the bags were sent to brands, some of which had their own "made in Japan" labels sewn into them.（一旦檢查完畢，這些袋子就被送去加上品牌，其中一些品牌上縫有自己的『日本製造』標籤。）」所以在日本本地購買的品牌皮革製品，未必真的是在日本製造的。

很多皮革是耐水洗的，尤其是鉻鞣皮！

很多人不了解，以為皮革是不能泡水的，附圖為筆者買給女兒的背包，已經有五年之久了，去年有一天下大雨，整個都淋雨溼透了，但是晾乾了以後，擦一下皮革乳，又回到原來的樣子。右邊下面的照片，就是乾了之後回到原來的樣子。

這個包包是牛皮，半苯染塗飾表面處理，耐水洗。現在的水廠複鞣技術以及表面塗飾技術，使皮革不僅物理性質加強，而且手感及軟度可以維持很久。皮革不只是天然的產品，而且美麗耐用又容易保存，合成材料怎麼可以比呢？

第11章 為什麼台灣把後處理叫做安地古（舊化）？

四十年前台灣製鞋工業正在興起，大量的外銷訂單進來，主要用一些合成材料（例如 PVC 及 PU 等）去生產製造。當時主要的貿易商，規模比較大的是美琦（E. S. Originals）、寶塔（Pagoda）、優斯秀（US Shoes），其他還有 MCF、Top Line、吉姆拉（Gimlar）等等。

這些鞋廠分布於台灣的西半部，從台北到高雄都有，總共有一千多家，直接或間接地養活了一百萬人口。製鞋工業連續很多年都是台灣出口貿易的第一名，當時的台灣也被號稱為製鞋王國。

但是，台灣的工廠對於鞋類的表面處理，認識很有限，都需要經過貿易商的開導和訓練，而我正好躬逢其盛，加入到鞋面處理這一行。

台語「安地古」就是英文 antique 的譯音，意思是「舊化」。因為當時的鞋面用料都是合成材料為主，所以在鞋子成型後，都要用手工上一點顏色，使它接近接於真正皮革的質感，這一個後處理的過程，工廠都把它叫做安地古。也有一些廠家會用打蠟的方法，把顏色打在鞋上面，這種方法做出來就比較自然，有一種燒焦的感覺（burnish effect）。

當年很多工廠對這個後處理過程都很排斥，有若干原因，最主要的一點是得增加手工，這也意味著須增加成本。但是，經過後處理的鞋子，其功能卻完全沒有改變。經過了很長的一段時間教育後，大家才知道表面處理是很重要的一環，因為消費者通常都是以鞋的外觀來決定購買與否。

到了 1985 年以後，台灣的外銷工廠，陸續接到歐美來的真皮的皮鞋訂單。在這個時候，皮鞋的表面處理就非常重要，例如美國的品牌 Rockport、JC Penny 和 Andrew Gellar 等，都嚴格要求表面處理的品質。由於當年台灣的製鞋工廠對於天然皮革大都不了解，更不用談表面處理了。這正好給了我機會，

到處舉辦教育訓練,也使得我的生意額暴升,賺了人生的第一桶金。在此也要感謝美琦公司的 Gary Crist 與 Steven Lien 連總,他們幫助很大,願他們安息。

同樣的發展模式,1990 年以後,發生在中國大陸,因為台灣的製鞋工業幾乎都搬離了台灣,只是規模大了十倍。而在 2010 以後,很多工廠也逐漸轉移到越南、柬埔寨,以及其他東南亞國家。

蛻變是如何發生的?

上圖是同一張皮不同的部位。為什麼會產生這種情況呢?皮革表面處理的其中一個要求,就是要有耐磨擦性測試 (Abrasion Test),分別為耐乾擦性 (Dry Rub

Fastness) 以及耐濕磨擦性 (Wet Rub Fastness)，尤其是對做家具革及汽車坐墊革要求最嚴格。通常要經過不同標準的耐磨測試，包含往復式磨擦及圓轉盤式測試；而要求的標準，則是由供應商與客戶建立。

左圖的牛革是「全粒面半苯染自然摔紋」的中牛鞋面用革，厚度為 1.4mm，手感及軟度非常好。由於是全幅未開邊，我就把它鋪在家中的白色塗料牛皮沙發上，一來因為是白色所以可減少污染，再來最重要的原因是質感舒適柔軟，比買來的白色重塗料牛皮的手感好太多，所以一鋪上去就是五年過去了。

當時要求的顏料及樹脂耐磨擦性並不是很高，因此經常坐的地方隨著日月衰老，就變成右邊照片的樣子。然而，因為表面塗飾用的是半苯染方式，塗料用量不多、而且用的是極軟樹脂，所以沒有產生塗料大面積龜裂剝落的情況，而產生出比較接近飛行員外套（Aviator）的磨損效果，有復古舊化的感覺。雖然如此，但皮革仍然是平滑柔軟，如果要做翻新，技術上沒什麼問題，因為這張皮水廠複鞣做的很好，所以整體皮身與剛做好時沒有太大的差別，坐在沙發上休息還是很舒服！

第 12 章　牛皮可以做到多厚？

　　我們日常生活上所使用的牛皮，通常的厚度，用在鞋面皮上面，是在 0.8mm 至 1.2mm 之間；如果是室外鞋，大約在 1.4mm 至 2.2mm 左右。皮革的厚度，主要由下單客戶自行決定，如果製作服裝革，可削薄到 0.4mm。須注意的是，如果削得太薄，會造成撕裂強度變差。

　　一般而言，牛皮在皮廠前段脫灰工序完的厚度，可以達到 6mm，但也要看牛皮來源，是閹割過的大公牛（steer hide），還是乳牛（diary cow）、小公牛（calf）、小母牛（kip），或是未去勢的大公牛（bull hide）。而且，歐美國家的牛皮面積，比起南亞的來得大得多。全世界的牛種有二百六十五種，而羊有四千多種，所以除了大小差異非常大之外，厚度

也各不相同，有些地方產的皮還切不到二層皮出來。通常歐美國家出產的藍濕牛皮，有平均 3.5mm 的厚度，都可以取得有價值的二層榔皮。

　　很少人看過 6mm 厚度的植鞣牛皮，這種牛皮通常被用來做鞋底的材料、室內設計裝修的材料，或是特殊皮箱用的材料。這種厚度的植鞣牛皮，其計價的方式是以公斤結算，與以量尺計價之一般植鞣牛皮的情形不同。

植鞣牛皮古典座椅

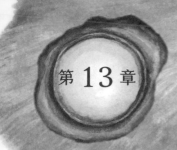

第13章　被忽視的豬皮工業
Often neglected Pigskin Industry

　　經常有人問我，為什麼不介紹一下豬皮？為什麼大家都以牛皮或羊皮做皮革製品，用豬皮製成的卻不多？所以，我要開始準備講故事了。

　　不久之前，豬肉是我們的動物蛋白的最大來源。尤其在中國歷史上，豬是家庭生活的一員，漢字的「家」，就是屋頂之下有個「豕」字。可知，在遠古時期，沒有養豬的人就不成一個家了；這是因為豬是財富的象徵，也是人類肉食的來源。

　　既然有了豬肉，那麼當然會有豬皮。豬皮是可以食用的，尤其很多人喜歡買帶著皮的豬肉，不然東坡肉也做不出來。還好，有些人不喜歡吃豬皮，所以有一大部分的豬皮就成為了皮革工業的原料。生產豬皮也是一種重要的皮革工業，在二十世紀初，逐漸成為

服裝、鞋類及箱包的原材料。美國人喜歡的美式足球
（橄欖球），有個俗稱，就是 pigskin（豬皮球），
但其實是用牛皮做的。

鉻鞣科技尚未發明（西元 1858 年）之前，豬皮確
實不能與牛皮相提並論，因為植物鞣豬皮的物性、可
用面積，以及經濟價值，比較起牛皮差得太遠。但是，
豬皮的供應量又大於牛皮。尤其在古代東方社會，牛
是農業的生產工具，不到老死不會宰殺，而養豬主要
是為食用目的。另外，因為宗教文化的差異，信仰伊
斯蘭教的穆斯林認為豬是不潔的動物，他們是不能吃
豬肉的，也間接影響到豬皮製品的需求。

目前市場上流行的豬皮分類如下：

豬巴哥（pig nubuck）：正式名稱應為豬皮正絨
革，是由豬皮頭層製作而成，絨毛（nap）很細緻，
通常使用在高級鞋品及服裝上，手感很好，也可以產
生書寫效果（writing effect）。豬巴哥也是可以做到
防水效果。

豬二層反絨（pig suede）：這是由豬皮剖開的二層皮製作出來的，用在服裝上的比較多，也是很多女鞋的原料，手感柔軟而溫暖。

豬內裡革（pig lining）：這是使用量最大的豬皮市場，通常是由豬二層甚至於三層剖開，價格便宜，大量使用在皮鞋內裡和皮包、皮件的裡襯。

豬皮胚（pig crust）：這是未經過塗飾，也未經過磨砂處理的豬面皮，通常用來做鞋墊及涼鞋包底的原料，因為吸汗透氣舒適，雖然價格貴一點，也用在高端的鞋內裡。另外，還有用在工作手套，也是很大的出處。

塗料豬皮（pigmented pigskin）：這是有經過表面塗飾的豬皮，在 1990 年代，中國大陸用了很多的塗料豬皮做沙發和椅墊，也有用來做服裝及手套的，小部分也拿來做鞋。

台灣的豬皮工業也擁有過一段風光歲月。三十多年前豬皮正絨及反絨革，製作技術雖然來自日本，但

後來居上，從南到北，到處都有豬皮廠；比較有名的是苗栗的萬豪和台南鹽水的鼎營，前者曾經與美國的渥弗林（Wolverine）集團合作（本文後段會介紹），而後者則曾經在台灣證交所股票上市。可惜這兩家工廠早已收起來，沒有經營了。目前還有不到十家的豬皮工廠在生產，大都是在高雄及屏東地區，它們的名字偶爾會出現在報紙上——因為豬皮廠也製作有副產品豬油，前陣子有食安問題，所以也牽連到豬皮工廠。

三十年前，中國大陸的豬皮廠遍地都是，四川、山東和浙江都有日產萬張以上的豬皮工廠。當時的大陸生產技術很落後，再加上市場機制是計畫生產，所以產量雖說很大，但品質不好，主要是做為服裝、沙發所用材料，小部分用來製造鞋類。後來由於市場轉型，大部分的工廠都改做牛皮沙發革，例如浙江的卡森、通天星，山東的文登，以及四川樂山的振靜。目前，其中的卡森及振靜兩家，都是股票上市公司；前者在香港上市，後者在中國大陸上市。那麼多的工廠都不生產豬皮，豬肉上的皮到底跑去哪裡了？答案是大部分都被吃掉了，剩下的或被拿去做膠原蛋白，或

是被炸成豬油。

　　美國人做豬皮也有過一段有趣的歷史。早期美國有家鞋廠叫 Hirth-Kraus Company，成立於 1883 年，由於認識到垂直整合的重要性，遂在 1910 年於密西根州（Michigan）的羅克福（Rockford），建立了皮革廠「渥弗林」（Wolverine），以保障鞋廠有穩定的皮革供應。當時，用鉻單寧（chrome tanning）鞣皮還是相當新的科技。而他們主要生產的是馬皮鞋及手套革。1950 年韓戰爆發，美國政府需要大量的豬皮皮革手套，他們為了增加生產數量，發明了剝皮機。原來一個工人一小時只能剝一張豬皮，由於使用了剝皮機，一小時可以剝四百五十張的豬皮，這是很大的突破。從此，渥弗林就成為了百分百的豬皮廠。1956 年，渥弗林又發明了豬巴哥（pig skin nubuck），還與 3M 公司合作，開發了防潑水、防油，以及防污的豬皮絨面革。今天的渥弗林，除了在世界各地生產或委託第三人代工生產豬皮，也是很多名牌鞋的供應鏈，例如較為人熟悉的 CAT&Hush Puppies。

　　美國豬皮的供應量非常大，不輸給牛皮。然而，美國豬皮脂肪含量較多，與日本豬皮相比，生產上較費時費力，包酶軟化過程久，但張幅也大，利用率高。

　　豬皮還具有食用價值，這是它與牛皮的不同之處。豬被宰殺後，皮可以食用，也可以拿去炸。我們吃火鍋時，放一些炸豬皮是很好的選擇。據說不少美國人，包括前美國總統喬治・布希在內，都喜歡吃炸豬皮。豬皮也可提取膠原蛋白，在人體皮膚受到燙傷時，可以用鮮豬皮覆蓋傷處（現在已經有人工皮膚）。

　　豬皮製造工業永遠不會消失，只是逐漸減少，當牛皮價格上漲到一定程度時，豬皮的需求就會增加。

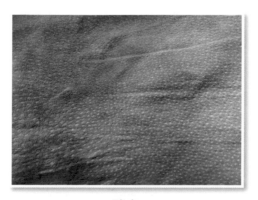

豬皮

盪鞦韆，中國古代女子最喜歡的運動

「鞦韆」這兩個字，都是「革」字旁，其來有自。相傳在東周時期，春秋五霸之一的齊桓公重用管仲，為了加強軍事訓練，從北方的夷戎遊牧民族學習到，用皮革製造鞦韆，來訓練士兵的膽量。當時沒有很好的纖維材料，足以支撐人體的重量，所以才會用到皮革來編織成為繩索。當時北方的遊牧民族習慣騎馬，控制馬的行動方向，是用皮革製成的馬韁。兩千多年前，鞦韆進入中國以後，從漢朝開始就成為了女性最喜歡的運動。從唐代有名的文章〈漢武帝後庭鞦韆賦（並序）〉

第二輯

皮革・日常

（高無際所撰）可以確知，至少在漢武帝時期，盪鞦韆這個運動，已經演變為大受女子喜愛的遊戲。

除此以外，歷史上有關盪鞦韆的詩詞，繁不勝舉。假如當年沒有皮革的話，也就可能沒有盪鞦韆這個運動了。古代女子最喜歡盪鞦韆的季節，就是在清明前後，天氣不大冷的時候。例如，宋代蘇軾的〈蝶戀花〉：「牆裡鞦韆牆外道，牆外行人，牆裡佳人笑。笑漸不聞聲漸悄，多情卻被無情惱。」這闋詞，將春日裡盪著鞦韆的女子，其天真爛漫的音容笑貌，寫得非常傳神。

第 1 章 牛皮紙是不是紙？

Vellum is paper, isn't it?

　　現在一般人所謂的牛皮紙，應該是指淺棕色的、比較厚重的包裝材料紙，其原料大都取自木樹，比較耐用。古代用的紙，通常是用麻草布等的纖維來製作的，所以壽命都不長久，不僅容易破碎，也很怕碰到水。在西方國家，就用一些羊皮或小牛皮，當作書寫的材料，例如死海古卷此一聖經抄本，就是由羊皮取得。

　　在中國呢，有些就寫在帛（蠶絲製作的）上面，也可以保存很久。

　　西方國家用牛皮或羊皮當作書寫材料，已經有二千多年歷史，所以 vellum（牛皮紙）這個字，代表的是真正用動物皮製作的紙。

　　有一年我去法國參加皮革展，看到一家西班牙的工廠，用羊皮製作成的書寫材料，純白色，有點透明，感到頗新鮮。這種羊皮紙沒有鞣製過，有些透明感，可以在上面繪畫或寫字，但價錢非常昂貴。

　　現在世界上的國家，唯獨英國還會把議院通過的法律，寫在真正的牛皮（紙）上。

第 2 章　牛皮與法律

　　當大家看到這個標題時，一定很納悶，為什麼會把皮革與法律放在一起？是不是因為法令多如牛毛，所以才做對比？其實故事是這樣開始的。

　　2014 年大英帝國的上議院，也就是俗稱的貴族院（House of Lords），為了省下一年八萬英鎊的費用，打算通過一項決議案，把英國目前「法律通過後必須寫在牛皮上」的傳統，改變為用 A4 白紙替代牛皮。結果，政府的內閣出面，表明願意負擔這筆費用，才平息了這場小風波。因為英國的上議院議員們所扮演的，本來就只是個「橡皮印章」的角色，沒有反對下議院通過的法案之權力。

　　英 國 自 從 1215 年 通 過「 大 憲 章 」(Magna Carta)，在 1297 年 10 月 12 日寫在牛皮上，近千年

的傳統，傳承至今。這些牛皮文件會寫成兩份，一份保存在國家檔案館，一份留在議會大廈內的檔案庫存檔。法案多如牛毛，牛皮文件也卷帙浩繁，汗牛充棟。

那麼，到底是寫在牛皮上好抑或寫在白紙上好呢？無可置疑，紙張的壽命，那是絕對比不過牛皮壽命的。而且牛皮比紙更耐水耐火，可防撕裂，因此更加安全。

英國政府內閣辦公室發言人漢考科 (Matt Hancock)說，用牛皮記錄議會法案，是一個千年傳統。面對此一瞬息萬變的世界，我們應該保護這個偉大的傳統。本來嘛，堂堂的大不列顛帝國，這麼一點牛皮錢都拿不出來，豈不要讓世人恥笑？

西元 1947 年發現的死海古卷 (Dead Sea Scroll)，能夠存留到今天，也是因為寫在羊皮上之故。這份古卷，對於校勘現存聖經抄本的工作，大有幫助。我們今天用的牛皮紙，並非用牛皮製作的；稱它為「牛皮」紙，主要說明其強度及厚度可媲美牛皮。但是，今天英文中的 vellum（源自拉丁文），現在翻譯成中文，成為「牛皮紙」或「羊皮紙」，其本義即為小牛皮，

但拿來做紙的使用目的。目前西班牙還有供應用真羊皮供書寫及作畫的半透明白色皮胚。

　　也許是巧合，我大學念研究所甚至留學美國，總共念了七年法律，而如今卻與皮革結緣，也是很有趣的事情。

大憲章

植鞣皮革邊拋光

植鞣皮革邊上皮革乳後，用手以棉布拋光打蠟，兩道過程，效果就出來了。過程簡單說明如下：

植鞣皮的皮邊（沒有用砂紙磨過）先用泡棉沾義大利皮革乳，均勻的擦在植鞣皮的邊上，待五分鐘乾燥後，用棉布輕拋皮邊。稍微平滑後，再度用皮革乳擦上，乾燥後再用棉布拋光；可以重複過程，直到效果出來，產生平滑又帶有自然的光澤。

簡中原理：皮革乳的主要成分是蠟，以及一些其他填充物料成分，可以填補皮革邊的縫隙，又可以結合皮的纖維，適度的拋光後，就可以有平滑而自然的光澤。透明皮革乳沒有上色效果，如果要上顏色，也有黑色及深棕色的染劑可以選擇。如果要求更亮，可以上兩次皮革拋光乳。

第3章　素食者之鞋
Vegan Shoes

　　英國有個名牌皮鞋，Dr. Martens（即馬丁靴），為了迎合素食者的市場，開發了用合成材料做的鞋。我不知道台灣一生吃素的人，是否排斥皮鞋，而只穿布鞋或塑膠製鞋。我的印度朋友，雖然吃素，有不少是會穿皮鞋的。

　　照片中的兩雙鞋子，都是用合成材料，大概是 PU coated fabric 做鞋面。只要細心看看，可以發現在鞋面接鞋舌處的細皺紋，是合成皮的特色。這雙鞋在香港售價約港幣一千二百元（約為美金一百五十元），與牛皮相比沒有便宜多少，使用壽命卻比牛皮短得多。

　　最奇怪的是，把化學合成皮標明為 100% VEGAN 素食者產品，Made with Synthetic Leather（用合成皮革製成），當然合成皮不是天然動物皮，但列入

素食者之鞋

植物類好像也滿奇怪。

　　合成材料做的鞋與包，到處都有，不過在我第一次看到為了素食者而專門製造的鞋時，也是猛然一驚，感覺滿新奇的。市場區隔，真的是愈來愈細了。

　　其實，市場上最暢銷的鞋是運動鞋及涼鞋，這類鞋用天然動物真皮的，佔整體比例並不大。可知，素食者本身不一定有這個需求問題，所以我們不妨把它當作市場行銷手法來看就是了。

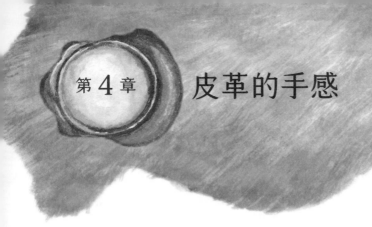

第 4 章　皮革的手感

皮革知識博大精深，除了皮種不同外，還有各種不同的製造和生產方式，以及配合流行時尚而做出的各種各樣的表面處理。

為了滿足市場需求，皮革也被做成各種不同的手感。今天，我們便來談談皮革的手感。

手感是人類五感之一，人類有視覺、聽覺、味覺、嗅覺以及觸覺，手感是屬於觸覺的最重要的一部分，俗稱「十指連心」。

我們接觸皮革的時候，手指頭摸著皮革，這一瞬間的感覺，就是手感。通常視覺上看起來，已經給予我們喜歡或不喜歡的一定程度的影響，但若沒有用手去觸摸過，總是覺得不實在。

　　例如，當你看到一個蛇皮包，如果用手摸摸後，沒有感覺到鱗片感，就會怪怪的——因為蛇是應該有鱗片的爬蟲類生物啊！摸不到鱗片感，你會心生疑慮，認為這是壓蛇皮紋的牛皮，而非真蛇皮的包。

　　手感好與不好，是一種很抽象的概念，因人而異，要看皮革製品的功能需求如何。所以說，如何為「皮革手感」做出確切而適當的定義，非常不容易。

　　現在，我們從最基本的手感——平滑感（smooth and slippery）談起。大部分人對於平滑感都有共識，也有人喜歡在皮革製品上有這種感覺，所以皮革化工中的平滑手感，銷售量一直都很大。但是，平滑的先決條件就是要把皮胚用砂紙磨得很平整，甚至於要經過拋光（polish）或是打光（glaze）過程，不僅需要用到化工原料，在生產過程中還需要有好的機器配合。

　　在諸多表面平滑的皮革中，最吸引人注意的就是漆皮了，因為其表面之平滑有如玻璃鏡面。另外，一般稱為開邊珠的半透明苯染革，雖然沒有漆皮那麼亮，但其平滑的手感程度，也會使人喜愛。

不少人喜愛的馬臀革（Cordovan leather），就是要靠拋光才能有那麼好的手感。

現在，很多室外鞋，都會用一些蠟感牛皮，有些是帶乾爽的手感，甚至於有些粉蠟感，例如：俗稱瘋馬革（crazy horse）的牛皮，上面有些白霧蠟，但一遇到熱或摩擦，顏色馬上變成深色。

至於油皮（oil leather），顧名思義，就是皮革表面有些平滑油感。油皮是滿討喜的皮革，但有些客戶卻不以為然，他們因為某些需要，反而要求有油膩黏滯感覺（draggy touch），例如棒球手套用皮。此外，還有油變革（oil pull-up leather），這類皮革用手一折顏色就會變得較淺。早期帆船鞋（top sider）就是用這種皮製成的，現在已經成為休閒便鞋的代表；其他，如伐木匠鞋、登山鞋、行軍鞋等，也是用這種皮革材料為主。

蠟感牛皮、打蠟革（burnish-able leather），一直不退流行，一經過拋光打蠟後，不只顏色變深，

且變得更亮、更平滑。有部分的植鞣皮，經過摩擦產生熱度，植物單寧含量較多，顏色也會變深，會產生一種平滑的光澤。

做箱包的皮革，有些要求硬挺，容易保持造型設計，所以要求皮革表面要有緊實感，用在大型的旅行箱及公文包比較多。

自然摔的起紋革（natural milling floater），這種皮是由於天然鹿皮的供應量有限，所以用牛皮來做成仿鹿皮，手感豐滿而蓬鬆柔軟（round and fluffy），用來做休閒鞋很好，現在將之做皮包也成為流行趨勢。自然摔與壓花摔的差別，在於前者的皮革花紋是在轉鼓內用機械力把皮紋打開，而壓花摔則是用壓皮機（embossing machine）把皮紋印在皮革表面上；兩者差別在於一個自然，一個花紋比較硬板。價格上也是大不同，因為自然摔皮大都是用全粒面牛皮（full grain cowhide）居多，而壓花摔則是以修過面的牛皮（corrected grain）去壓花製成的。市面上的荔枝紋牛皮，大部分都是用壓花摔紋做的。

天然摔花小牛皮包　　　　　全粒面荔枝紋皮包

有一些皮革，被要求做出舊化的效果，例如老式飛行員（aviator）外套磨損的外觀。這種皮革表面就不要求平滑，而是要有種沉舊的手感。尤其近年來很多牛仔服飾都做酸洗、石洗的效果，皮革也要做出同樣的風格與之搭配。

有種裂紋革，可以做出仿破璃碎裂的效果（cracking look），有小碎玻璃紋，也有大碎紋，像陶瓷裂紋，這類皮革的手感一摸就可以感覺到皮面不平整，但表面塗飾很堅牢，不會輕易就掉面下來的。

由於一些稀有動物皮，原料成本太高，或因供應量不足，例如蛇皮、鱷魚皮、蜥蜴皮、鴕鳥皮等，生

產商就會用牛皮或其他皮來做出仿真的效果。目前很多壓花板（embossing plate）可以把牛皮皮胚壓得維妙維肖，不僅外行人看不出來，甚至皮革業者偶爾也會看走眼，分不清楚哪個是真的、哪個是壓花出來的，除非你的觸感能力過人。當然，在成品階段還比較容易判斷，如果已經放在櫥窗內，那麼一半以上的人可能都分辨不出。然而，我的判斷方法很簡單，就是：太完美的，就不像真的！因為很多動物皮，上面多少會有些瑕疵及不規則紋路形狀。這個方法用在分辨真偽皮革產品也有用，太完美而沒有老紋或刮傷表面的皮革製品，除非是頂級品牌，否則，很多應該都是合成材料製作的。尤其很多用超纖（microfiber）做的，手感模仿真皮，近乎完美，但就不能用真皮之名銷售。

我們也經常會看到用絨面牛皮做的鞋子，磨砂革 nubuck）就是在全粒面牛皮上，用不同號數的砂紙，磨砂產生絨感（velvet）的效果，因為皮革上有一層很淺的絨毛（nap），手可以在上面寫字（writing effect），所以在很多名牌工作鞋上都會

使用，甚至在油皮上也是有這種手感的絨面油革（oil nubuck）。

在牛皮或是豬皮二層（split leather），我們可以做出二層反絨皮（suede split），這種皮可以做到手感柔軟以外，還可以有絲絨般的手感，我們一般稱為麂皮，香港人叫做猄皮。其實，真正的麂皮（麂與鹿同科，只是體型更小）是存在的，只不過數量太少了，價格也貴，美國早期印地安人用來做衣服保暖。二層反絨牛皮或是豬皮，經常用來做運動鞋，也有做紳士鞋及女裝鞋，用來做包包的比較少，也有部分做工作手套。此外，羊皮除了正面廣為使用在服裝及製鞋工業上，羊皮反絨（goat suede）也是很好的女鞋的製作材料，很多名牌都是固定使用小羊皮反絨革（kid suede），這種皮的手感比真正的布絨更好。

手感，不只抽象，而且有點主觀，不是每一個人都會喜歡同樣的某種觸覺。例如，我就是不敢摸活著的蛇，做成蛇皮成品後，反而我一點都不怕了。相信未來的皮革製品，還會有新的手感要求，而合成材料

工業，也會把他們的產品，做到愈來愈接近皮革的手感。皮革是人類文明開始就有的產品，五千年前有，五千年以後還是會有，除非人類全部成為素食者。

小羊皮反絨革 kid suede

小羊皮反絨革一直都是歐洲名牌喜歡用的材料，因為手感好，色彩自然。牛皮正面絨革叫做 Nubuck，很多人叫牛巴哥，而豬皮正面絨革就叫 Pig nubuck，習慣上叫做豬巴哥，但是羊皮則幾乎沒有人把羊皮面革磨砂，因為羊皮反面的絨感 velvet，比牛、豬的正面絨革手感更好，而且沒有毛孔及傷痕。

第 5 章　牛皮狗咬膠
Cowhide Dog Chew

　　大約在三十多年前，我去泰國皮革廠做生意時，看到一些小皮革廠，把未經過鞣製牛皮割下來的酸皮（pickled hide）邊角料，有點透明的，在空地上曝曬。當時，詢問之下才了解，這些脫灰完成的膠原蛋白小皮塊，是準備拿去工廠做狗咬膠的。因為狗兒都喜歡咬個骨頭，而牛皮膠是個很好的取代原料。

　　狗的生長過程中，咬東西是無法避免的，因為這是狗的天性。所以，當你看見狗跑去咬鞋子等東西，千萬別生氣，也別大驚小怪。狗咬牛皮膠是天然的產品，在歐美國家的寵物店，到處都可以看到，台灣也很普遍。

　　狗咬膠也有不同等級之分，而且視狗體型大小，或其品種，也有不同的選擇，甚至會為某些名牌狗量

身打造。

由於科技進步，現在狗咬膠也有用合成橡膠或矽膠製成的，但牛皮做的還是最好的選擇。說個題外話，如果碰到饑荒，這些牛皮膠還可以用熱水煮來吃呢。

第 6 章　黴菌與皮革製品發黴的問題

大約在三十年前，有一些台灣製鞋工廠做的反毛豬皮包子鞋，寫成英文是 pig suede loafer，出口到了美國以後，鞋面都長了白色絲絨般的黴，造成很大的困擾。追究之下發現，原來工廠製鞋的時候，適逢台灣的梅雨季節，空氣濕度很高，在製作過程中，豬二層反絨吸收了很多空氣中的水分的緣故。當時沒多考慮，鞋子做好後就放入盒內，然後裝入貨櫃，漂洋過海近月，運輸到美國加州。進口商一拆櫃後翻箱，發現一半以上的鞋都長了白黴，當下真是傻眼了。無奈何，出口的貿易商與工廠只能亡羊補牢，趕快解決問題。於是找來台灣的留學生，一雙一雙地用刷子把白色的黴菌刷掉，噴了一些殺菌劑（anti-bacteria），又多放了幾包乾燥劑，花了不少錢。後來工廠找到了我，詢問怎麼採取預防措施。我建議他們用美國環保

局認可的液體防黴殺菌劑,在鞋子包裝前用噴霧方式做預防措施,結果問題大致解決了。

因為很難有絕對防黴的環境,只要氣候適合、空氣潮濕,又沒有陽光紫外線照射,黴菌就能不斷地生長。有些黴菌甚至能耐低溫,食物放在冰箱內,也有可能發黴。

黴菌在我們生活的環境中,無處不在。在台灣最常見的是青黴菌及麴黴菌,這些黴菌會使一些體質敏感的人生病。然而,黴菌也有正面用途,它是食品加工上經常用到的,一些黴菌也被刻意培養拿來用於食物的生產,例如西方人吃的藍起司(blue cheese)就是以青黴菌發酵製成的,能使其表面產生一些藍色斑紋。我們吃的醬油、豆瓣醬、豆豉和味噌等需要米麴菌發酵,紅糟、豆腐乳和紅露酒等則是由紅麴菌發酵製成,做臭豆腐的滷水也含有大量黴菌。至於大家喝的啤酒,更是靠黴菌發酵才能把穀類變成含有酒精的飲料。此外,很多人造酶的生產過程,也得靠黴菌。

黴菌是非分類學名詞，是指菌絲體發達，而且不產生大型肉質子實體的絲狀真菌（fungus），多數為fungi的俗稱。黴菌可以有性生殖（並不一定是陰陽性，甚至同性）和無性生殖，不斷地繁衍下去。據研究發現，世界上有一百五十萬種不同的黴菌。黴菌的菌絲呈現長管、分枝狀，無橫隔壁，具有多個細胞核，並會聚成菌絲體。黴菌常用其孢子的顏色來稱呼，如黑黴菌、紅黴菌或青黴菌。俗稱的香港腳，也是一種真菌生長在腳指縫中的一種足癬。人類最早發現的抗生素盤尼西林，就是用青黴菌製造出來的。現在許多用於降低膽固醇的藥品，也是由黴菌培養當原料來製造的。

本文以防黴主題為主，所以對於黴菌種類就不多做介紹了。我們生活中的空氣，到處都有黴菌的孢子體存在，有些實驗室也分析空氣中的黴菌孢子數量，以預防建築物發黴現象。當然，我們都知道，許多食物如果存放不當，可能一兩天就有黴菌產生。大部分的黴菌在攝氏四度以下就不容易繁殖或生長，因此很多冰箱儲藏庫溫度就定在四度。有一些黴菌很厲害，

在極度低溫環境下都能存活，科學家在南極大陸也發現過黴菌。

正如我們先前所言，黴菌是無處不在的，我們的住家或工作場所裡面的灰塵當中，都可能藏有黴菌，它們的孢子能對健康造成滿大的危害，導致很多人產生過敏現象，甚至於引起呼吸道問題。有些黴菌孢子會產生一些毒性物質，可以引起神經系統上的問題，乃至於死亡。長時間暴露在黴菌孢子含量高的環境中，的確對身體有害。有些黴菌，譬如葡萄桿菌之類，對人體有很大的危險。在一般住家中，黴菌最容易生長在潮濕陰暗或有蒸氣的地方，比如說浴室及廚房放餐具的櫃子；此外，有些經常會浸水的地區，以及地下室或水管邊緣一類通風不良好的地方，都很容易看見黴菌冒出來。即使是在戶外，如果是經常潮濕陰暗的角落，也一樣很容易產生黴菌。這些黴菌會使人敏感，眼睛容易流淚水，也容易發癢，或者造成經常性的咳嗽甚至於頭痛、偏頭痛乃至於呼吸困難；有些人皮膚還會產生紅點，容易疲倦，鼻子過敏及阻塞，也很容易打噴嚏。如果在食物中藏有黴菌的話，可能對

人體的健康產生很大的危害，甚至產生中毒現象。有趣的是，諸如黃麴毒素（aflatoxins）、赭曲霉毒素（ochratoxins）、（fumonisins）、單端孢霉烯類毒素（trichothecenes）、橘霉素（citrinin）、棒曲霉素（patulin），這些有毒性的霉菌，對人體健康有害，卻也是用來做抗生素的重要來源。

如果我們可以在室內把空氣中的濕度，用除濕機控制在 30% 至 50%（美國環保局 EPA 建議），或者正常使用空調（air conditioning），這樣做的話，可以有效降低室內的黴菌孢子的數量。此外，還可以使用空氣清淨機，裝置有高效微粒過濾功能 HEPA（High Efficiency Particulate Air）的設備。防止黴菌滋生的第一步就是把空氣濕度降低，同時也要把容易吸引黴體的物品（大都是食物及水果）移走，或是放在冰箱內。

如果食物已經發黴，很多人就不會再吃（除非是以霉體發酵製作的食物）。那麼如果是皮革製品發黴了，在早期發現時，可以用布加上 1% 的漂白水稀釋

後，擦拭乾淨，然後放在通風良好的地方。但是，黴體在皮革製品中如果存活太久，可能會侵蝕到皮革製品的表面組織，造成不可回復的傷害，變成黑色斑點或是斑塊，甚至產生類似疤痕的凹洞，那麼就無法可救了。

　　市面上也有販售給一般消費者用來殺菌處理的噴霧劑，有一定的效果，尤其使用在浴廁及櫥櫃中。然而，最好的防霉方法，其實是保持乾燥和通風良好。當然，如果適當地使用空調設備，以及使用有 HEPA 標誌的空氣濾網除濕機，或是空氣清淨機，也都是有效的防霉方法。有一些皮革製品用的保養乳液，也可以有效減少黴菌滋生的可能性。但是，正如本文一開始說的，黴菌無所不在（ubiquitous），只要有空氣或灰塵，就可能有黴菌。

除菌前　→　除菌後

第 7 章　邊油的故事
Edge Ink

　　我第一次接觸到邊油這個產品，是在 1982 年，當年我是擔任斯塔爾化工公司的台灣總代理。產品的名稱是 Edge Ink，當時把它翻成「擦邊劑」。該產品只有兩種顏色，就是黑色與棕色，主要的銷售對象是當時的皮帶工廠，或是皮件工廠。很可惜，由於成本與價格的關係，生意並沒有做開。當年台灣製作皮帶或皮件的工廠，主要分布在在彰化附近，大部分是用合成皮或再生皮為材料，有些用牛皮二層，也就是俗稱的二榔皮，生產成本低，所以也就用不著這麼好的進口產品；只有少數用頭層牛皮的工廠可以接受斯塔爾公司的邊油產品「Edge Ink」，例如當年的台灣山二皮件廠及輝騰等工廠。

　　在民國七十年代（1980s），男人穿著的高級紳士

鞋，大部分是用牛皮大底，在台北市金門街、廈門街、汀州路，以及三重、板橋、中永和地區為主要生產地，很多還是用人工手縫真皮大底方式生產。那時的大底都做得很考究，鞋底延邊部分，不只要光滑而且還需要上色，所以我就積極地把擦邊劑介紹給鞋廠，結果反應熱烈。擦邊劑既可以使鞋子大底看來高級有品味，又有平滑手感，使用上又便利。當年沒有什麼鞋用化學處理劑，有些工廠仍然用黑色墨汁，但不耐水。

自從西元 1992 年開始，邊油用量大的地方，還是在中國大陸的台資皮件廠，尤其是月產百萬打的工廠；他們先把皮革裁條，然後用木匣以螺絲鎖緊，大約每五十條左右疊成一排，先用樹脂填充，隔夜後用砂紙磨細，再做皮革塗飾的處理，最後再噴一層光油做保護層。這是大量生產的過程，所有的邊油原料，都是向皮革化工公司採購，然後自己調配，不只降低成本，而且生產的過程可以快速很多。由於出口價格受到限制，生產量又非常大，所以他們不大可能直接購買價位高的邊油，而是以自己調配的為主，只要符合客戶要求即可。

真正有品牌的邊油，大量被採用，最開始是用在皮件上。由於名牌皮包的風行，邊油的品質要求愈來愈高。早期生產的邊油，經常會發黏，尤其用在手提背帶部分，白色包裝紙經常會沾黏在上過邊油的部位，造成很大的困擾；後來逐漸改善，現在這一類的問題已經解決了。

　　邊油有許多不同的特色，有強調遮蓋性而平滑的，也有表現透明苯染色的，有強調蠟感光亮，甚至有金屬亮光效果的，更多的是用啞光的。我認為什麼牌子都可以使用，因為客戶要求不同，各取所需。而且生產商不管是義大利、法國、荷蘭、日本、巴西，或是中國等國家，使用的原料大同小異，不外是聚胺脂樹脂、丙烯酸樹脂、丁二烯、填料、蠟劑、暗光劑、亮光劑、顏料膏、染色劑、增稠劑、分散劑、滲透劑、手感劑、交聯劑等，配方各家工廠的商業機密。世界各地大型的皮革化工廠大都是扮演著原料供應商的角色，但也有一些工廠既提供邊油的成品，一方面本身也是皮革原料供應商，例如斯塔爾公司（我曾經擔任過大中華地區總經理）。

原則上邊油是以水性為主，但也有油性邊油（如同油漆產品一樣，有水性油漆，也有油性油漆），不過油性的主要用在合成皮上。

使用邊油需要注意皮革的材質，有些不容易接著或滲透的皮料，必須先少量地使用，或是先上一次打底的底層樹脂（primer），等到乾燥後再次使用。邊油如果太稠，最好用原廠的稀釋劑摻入，不要隨意加水，因為會影響到以後的物理強度，比如耐磨性及耐水性。邊油除了要求耐水、耐磨外，更重要的是耐曲折性，常溫及零下二十度（視不同地區客戶要求）不能夠裂漿，也就是說不能在表面有裂紋。

邊油的保存期限較短，每次使用先取少量，然後把瓶蓋關緊，沒有用完的，不要再倒回去，因為有些化料已經在空氣中聚合，再次混合使用容易結塊。

如同所有的皮革表面處理劑，邊油不可能做到永遠不被磨掉，端看使用的頻率及方法，通常在六個月至一年間，都可以維持；但是，如果有超乎常情的磨

損，再好的邊油也頂不住，比如皮包掉在地上損壞的情況。

邊油是化工產品，生產商都會提供產品安全處理資料表 MSDS 作為參考，原則上要儲存在陰涼的地方，儲存時間不能超過一年，否則容易結塊或硬化。

由於合成皮做得愈來愈像天然皮革，有些皮件真假難分，除非做破壞性的測試，否則有時候連專家也會看走眼，分不清楚何者為天然皮革、哪個是合成皮。因此，有些皮帶就不上邊油，這樣的話比較容易分辨真假。因為沒有了邊油，皮革切割處有明顯的纖維組織一眼就可瞧見，如果是 PVC 或 PU 皮就不會有這種天然纖維。另外，有些天然皮革製品，如皮夾、皮包，邊油就不用遮蓋性太好的，以便讓消費者容易辨識。

現在，很多皮件在成品標示旁邊，都附有一小片皮，表示產品使用的皮革，驗明正身。不過，世界級的大名牌就不會如此做了，原因很簡單：名牌就是品質保證，真皮、假皮又有什麼關係！君不見 LV 的商標（monogram）包，除了手把及四個角用了植鞣皮

外，其他部分都是合成皮，賣了幾十年，生意還不是呱呱叫！只是街頭上太多人拿，搞不清楚誰真誰假！

如果大家用植鞣皮做皮件或皮帶，就不必擔心了，因為合成皮沒有辦法做到植鞣皮這種感覺，所以可以大膽地、仔細地使用邊油，一來可以保護皮件，更能增加美感及手感。

手工邊油上色

邊油完成品 ➡

圖片來源：https://www.rmleathersupply.com/products/
vernis-edge-paint-made-in-france

113

第 8 章　皮革與運動用品

　　我曾經介紹過各種各樣的皮革用品,現在要介紹一下運動用品與皮革的關係。

　　棒球手套革,英文寫作 BBG leather,是 baseball glove 的簡稱。棒球是美國及日本國民非常重要的運動項目,台灣對棒球的熱衷也是不遑多讓。棒球員投球的力道很強,所以棒球手套皮絕大部分是由鉻鞣牛皮製作,厚度一般在 1.8mm 至 2.2 mm 之間,物理性質要求與鞋革、沙發革大大不同,高度要求耐撕裂及耐刺穿性。因為一個球員從小打棒球到大,不免會多次換手套,可知手套的確是球員的嚴重消耗品,所以有些皮革廠就專門生產 BBG 皮革。台灣目前為止還有一家 BBG 皮革廠在台南,可謂碩果僅存了。

　　至於棒球,專業使用的也是用白色牛皮縫製的,

這些牛皮在物理性質上，要求比較高，尤其是爆破測試方面。

台灣喜歡打籃球的人也很多，但大部分人打的是橡膠製品，真正 NBA 職業籃球比賽使用的是牛皮製作。籃球皮革通常是用壓花頭層牛皮及耐摩擦的表面塗飾聚胺脂樹脂製作，內膽是硫化橡膠。

台灣很少人會玩美式足球（也稱為橄欖球），在美國是非常受歡迎的運動，美式足球 NFL（National Football League，國家美式足球聯盟）用的也是牛皮製作的球。但是，美國人卻喜歡用 pigskin（豬皮）一詞來稱謂橄欖球，雖然球是用鉻鞣牛皮而非豬皮製作，籃球皮也一樣。

那麼，古代的皮球是用什麼材料做的呢？在橡膠還未被開發之前，皮球是用豬的膀胱做內膽，然後再縫上牛皮，增加彈性和保護。

至於大家喜歡打的史諾克（snooker），台灣叫撞球，香港叫做桌球，中國大陸叫台球。撞球用的桿

子（stick），前面撞擊球的部位，叫做皮頭，以前是用牛皮做的，現在則改為用植鞣豬皮製作。皮頭這東西雖小，利潤卻滿好，尤其對職業選手，皮頭非常重要。

澀木皮

這個名稱並不是新的，在台灣老一輩的皮革師傅之間，就是植鞣皮的代名，來源於日本漢字，發音是 shibu-ki，用閩南語發音——夏馬皮，比較傳神。植物鞣劑就是由樹皮（bark）蒸餾提煉出來的，而通常丹寧酸都有些澀味成分，所以把植鞣皮叫成澀木皮是非常貼切的。

中國大陸也用栲膠皮形容植鞣皮，而廣東地區則通用樹膏皮，都是因為植物單寧的俗稱。其實，我們吃的水果，喝的茶，甚至紅酒，裡面多少都有一些單寧酸，有時候都帶有澀味，尤其是未熟的柿子。

這篇文章的靈感，就是因為昨天吃了個硬柿，剛剛吃完有點甜味，但是不到半分鐘，嘴巴裏就有很強的澀感，隔了很久才消失。而且，大約十年前，有人想用柿子樹葉及柿子皮，抽取植物單寧，供給鞣皮之用，但是效果不如現有的荊樹皮（Mimosa）理想，成本沒有能夠降低，後來也就沒有下文了。

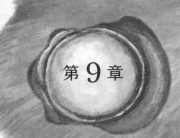

第9章　談談防水革
Waterproof leather or water repellent

　　如同所有的材料，皮革也是可以做到防水的功能，我們經常看到某些名貴的手錶強調防水功能，可以在水下五十米甚至一百米防水，但是除了專業人士外，誰會潛水到一百米深？大部分的人只要求洗澡或是游泳時可以防水就可以，現在很多手機也有防水功能了，但是我還是不想把手機放在水裏去試試，除非不小心丟入浴缸裡。但是雨中打電話時，防水功能就可以用得上場了。防水革的出現，就是因為市場有需求，皮革工廠應用現代的科技，可以把皮革做成具有防水的功能。

　　在第一次世界大戰的時候，主要打的都是戰壕陣地戰，但是戰壕裡一遇到下雨天，就會變成水溝。當時的英國軍人穿著皮革靴，腳泡在水裡一段時間後會變白甚至生瘡，雖然不致痛不欲生，但是會影響

到作戰能力，當時把這種症狀叫作戰壕腳（Trench Foot）。可以看看 2019 年出品的電影《1917》，描寫戰壕的鏡頭很多都是一片泥濘的景象。

1982 年，英國與阿根廷為了福克蘭群島的主權而爆發了一場局部戰爭，在英國鐵娘了首相柴契爾夫人領導下，英軍不只武器裝備較佳，更是把軍人穿著的鞋靴改用防水革來製造，所以雖然英國離福克蘭群島有一萬二千公里遠，最後卻用軍艦運送的六千個兵力，打敗了一倍以上的阿根廷軍人，收復了福克蘭群島。

另一方面，美國的伐木製材工業是很重要的建材來源，而伐木地區泥濘不堪，所以防水革對於伐木工人是非常重要的，這就是為什麼名牌防水鞋 TIMBERLAND 會用林地這個名字。1973 年，他們推出了第一雙具有防水功能的皮靴，發展到現在已經是世界知名品牌了。並且他們的鞋也普遍應用在登山健行及工作，甚至包含高爾夫球鞋以及雪靴。

美國的消防人員以及部分的軍鞋，除了防水的要求外，也需要有相當的防火功能。皮革工廠可以用現

代的科技以及化工原料，達到這方面的客戶要求。

　　防水功能不是絕對的，而是在一定測試標準下的一種係數。測試方式以 Maeser 及 Bally 兩種為主，由客戶的要求而決定。測試也有分為動態和靜態的，通常也有時間以及容許滲水百分比的不同要求，畢竟人類不可能穿著鞋在水裡面泡太久。

　　防水的化工原料，大部分是由有機硅 (silicone)、丙烯酸樹脂，以及特殊的油脂為主。目前臺灣不少的皮革工廠，都可以生產達到特定品牌品質要求下的防水革。

　　在此順便一提防潑水效果的皮革 (water repell-ent)。顧名思義，就是不讓水停留在皮革表層，而會形成水珠流下。因為水的最小分子如果不能進入皮革表面的保護膜，水就能夠停留在皮革上面，進而有防潑水效果。如果時間太久、或是水量太大，這種防潑水效果就無法維持不變。這類化工產品是屬於氟碳化物（Fluro-carbon），美國的 3M 公司是比較有名的供應商，當然也有其他的廠商生產。一般而言，防潑

水效果（Water repellent effect）比防水效果（Water proof）更容易成功。

　　理論上，所有的皮革都可以做到防水的功能，但是沒有這種必要，因為皮革浸了水還是可以用的，防水功能只是為　些必須在特殊工作環境的人員而做出的，是功能性需求，在外觀上並沒有差異。

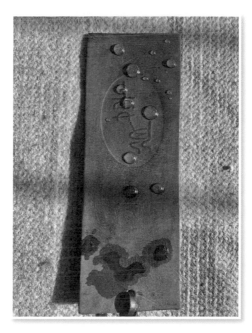

測試防潑水劑的效果，滲透部分即未噴過防潑水劑。

121

第 10 章

名牌及鞋業人才的凋零

　　三十多年前有個美國名牌，叫做 Rockport，
1971 年成立於美國麻州，並開始在台灣下單生產。
由於 Rockport 鞋價高，對於工廠要求也高，當時寶
成五廠、大甲通用，以及台南仁德的華爾姿等三家工
廠，分別接到第一批次訂單，而我也成為他們鞋類表
面處理技術的供應商，那時台灣人對生產高品質真皮
鞋的經驗並不多。大概就是在這個時候，我認識了劉
旭（Harry Liu），他是代理貿易商。後來，劉旭在
1989 年赴廣東南海市投資鞋廠，之後也開了皮革廠，
我們一直都有生意往來。最後一次見面，是在桃園機
場華航機場酒店與德昌皮革白董事長吃中飯時，偶然
看到他與老婆也在餐廳吃飯。當天，他看起來精神不
錯，還提到自己有前列腺癌症，正在進行中醫療程。
劉旭不信西醫，我和他都認為，在所有癌症治療中，

前列腺癌是治癒率最高的，甚至高達 90% 以上，所以我們當下也不以為意，沒將這病放在心上，也沒有刻意約時間再見面。

不過，幾個月前，聽說他已經平靜低調地走了，不似其他鞋業名人，至少會辦個告別式。最近幾年來，也接獲不少相識的鞋廠老闆及皮革廠老闆的不幸消息——他們有的客死異鄉，有的是在台灣仙逝。值得安慰的是，還有很多繼續在皮革及製鞋企業上打拚的朋友。

劉旭與我同年生，比我大半年，他的去世使我多所感慨。文天祥〈過零丁洋〉詩中有句：「人生自古誰無死？留取丹心照汗青。」所以，我想貢獻自己的時間及經驗，為皮革製品工業出最後的一分力。

目前我在逢甲大學開了皮革製造課程，共十二小時。我希望在台灣停留的期間，盡可能協助業者把皮革製品工業發揚光大，不管問題大小，都可以提出來討論。

123

台灣以前有個名牌旅狐（Travel Fox），創辦人陳瑞文也在 2020 年年初過世，他當年還在紐約辦過大型活動，邀請名人包括喬治布希在內，風光一時，很巧的是他與劉旭先生的英文名字都是 Harry。

　　2018 年 5 月 14 日，美國的 Rockport 鞋業公司正式提出破產保護（Chapter 11），同年 12 月 20 日在德拉瓦州破產法院批准清算，公司所有人轉換，保留 Rockport 的品牌。

　　今年（2021 年）的新聞報導，中國大陸品牌李寧，已經收購英國老牌鞋公司 CLARKS，意味著越來越多傳統工業被併購了。

鹽醃的生乳牛皮

很多人沒有看過生牛皮，我把這張黑白花的鹽醃乳牛皮給大家看看，這張皮是買家要求看貨而攤開來，上面粉狀的東西是鹽，皮的來源是澳洲，買家是用來做沙發革。當然，也可以去做鞋革或是服裝革。現場味道不是很好的，有些人聞了會嘔的。

至於生皮可以放多久，要看天氣及儲存條件，在夏天最好是生皮一到工廠就浸水洗皮，開始 Beamhouse 的準備工作，加入殺菌劑，因為細菌無所不在。冬天在零下天氣，比如在西伯利亞及蒙古則問題不大。目前很多大廠，為了保證原皮（生皮）的供應穩定，所以也建有冷凍倉庫，可以在價格便宜時多進些原皮（Raw Hide）。如果在生皮上面發現有脫毛現象，這就是說原皮生皮已經有初步的腐爛（putrefied）的問題，嚴重的話，毛細孔都受到破壞，可能就是一大片爛面，使得皮革價值降低很大。現在也有一些冷凍貨櫃來運送生牛皮，以保障生皮的品質。

第11章 為什麼吹牛皮是說大話的原因？

在中國古時候，渡河是一件大事，尤其是在湍急的黃河，如果用木製船渡河的話，木材往往會因為河石和水流撞擊，而破裂沉船。所以，為了克服此問題，當時人就用有彈性的充氣羊皮筏子，綑綁在一起來渡河。眾所周知，羊皮是靠人來吹氣膨脹，才能浮在水面上。吹羊皮的人除了身體得健康外，還需要有很大的肺活量，那可不是一般人都能勝任的。想想，體積比羊皮大三至五倍的牛皮，若要靠人把它吹成皮筏，那幾乎是不可能；所以，如果有人說他會吹牛皮，這無異於是在說大話，沒有人會相信的。

從宋代開始，剝羊皮就叫渾脫，有點像現代人脫套頭毛衣的方法，不把羊剖開，而自羊頸部脫開，可以取得完整的羊皮，然後把四腳及肛門塞住、綑住，然後吹氣，就成為了皮筏。當然，中間還有很多工序，

在此略過。自從人類發明橡膠以後，羊皮筏子就愈來愈少見了，現在除了在中國甘肅蘭州有一些給觀光遊客搭乘的之外，在西藏一些偏遠地方也還偶爾可見，其他地方則幾乎消蹤匿跡了。

順便一提，古代人出門遠行的時候，身上要背個水囊，以備口渴之需。當時可以用的材料很少，木桶及陶罐又太重，所以就用到動物的胃或膀胱來儲水，牛羊豬都有。今天，我們無論是居家或是旅行，化工材料做的包裝瓶隨處可得，又輕又軟，飲品的選擇也多不勝數，與古代相比，真是不可同日而語。

第 12 章 跨國皮革化工公司的併購

　　我以前在做皮革化工教育訓練的時候，常常跟我的工作夥伴說，不要去批評競爭者的產品，也不要去批評他們的銷售人員，因為你不知道這些人，將來什麼時候可能成為你的客戶，或是成為你的工作夥伴，甚至於變成你的上司或是老闆。所以，應該盡量從競爭者或同行身上學習，學習他們的優點，而不是任意批評或貶損他們，最好是能促進和睦，建立朋友的關係，彼此交換客戶的訊息、情報，更加了解市場。

　　近年來，全球皮革化工公司不停地分拆及併購交易，目的是降低成本，也可提高公司經營利潤。不過，如此一來卻使得員工無所適從，因為以前的競爭者突然成為了同事，加上不同的公司文化也容易造成溝通上的困難，要求所有的員工在短期內和樂融融，的確

不容易。

現在，幾乎所有的大公司，都不強調員工的忠誠度了，因為公司經常轉手，其速度之快，使得有些員工都搞不清楚新任老闆是誰了。那麼，員工要怎麼去做因應呢？

今天，世界上最大的皮革化工公司——斯塔爾（Stahl）集團，原來是一個家族企業，1931 年在美國的麻州成立；由於當時美國的皮革及製鞋工業極其興盛，二戰之後，斯塔爾的皮革化工生意很快擴展至全球；可惜家族後繼無人，於是在 1970 年代後期，把公司賣給了一家美國上市公司化工公司 Beatrice Chemical（碧翠絲化工）；後來，在 1985 年，又被英國的 ICI（Imperial Chemical Industries，帝國化學工業）給收購；到了 1993 年又分拆出去，改名為 Zeneca（精細化工）所擁有；沒有多久，又改名為 Avecia（阿維西亞）；後來又幾經轉手，現在已經是由投資公司所有，而且公司總部也由美國搬遷到歐洲的荷蘭；前幾年（2015）併購了克萊恩（Clariant）

皮革化工，去年（2017）又併入 BASF（Badische Anilin-und-Soda-Fabrik，巴登苯胺蘇打廠）的皮革化工部門。所以，原本的斯塔爾家族的公司文化，當初強調「我們就是你的鄰居」的口號，幾乎蕩然無存，雖然成為了世界上最大的皮革化工公司，也只是徒留個斯塔爾名字而已，因為其中已無該家族身影。不過，在美國 CBS 電視網有個《六十分鐘》的時事節目，其中有個女主持人萊思莉‧斯塔爾（Leslie Stahl），她正是斯塔爾（Harry Stahl）創辦人的孫女。

我從事皮革方面的工作三十七年了，也曾擔任過斯塔爾公司的大中華地區總經理，這些年，多少的大皮革廠不見了，世界級的皮革化工公司消失的也不少，正所謂：「長江後浪推前浪，一代新人換舊人。」令人感慨。

反而是中國人開立的皮革化工公司，逐漸成為了市場新寵。當年的台灣，市面上無論是什麼品牌的電視產品，都是國外進口的。現在的情形有點類似，只是主角不同了；現在是不管是掛著世界知名品牌，抑

或中國大陸品牌，製造地大都是中國。我想，皮革化工的未來，大概也是如此了。

這些藍色粉末是什麼？

從這張照片，大家可以看到什麼？

這是筆者在上課時給大家解釋什麼是半植鞣皮時，做的一個小實驗。

因為半植鞣皮是由藍溼皮（Wet Blue）製成的，所以裡面含有微量的鉻（三價，對人體及環境無害），根據物質不滅定律，皮革燃燒後留下的，除了碳之外，可以發現帶有藍綠色的微量鉻。

第 13 章　股神巴菲特投資製鞋業，一個慘痛的代價

　　股神巴菲特 1993 年用美金 4.33 億買了一家製鞋廠，名字是「德克斯特製鞋公司」（Dexter Shoe Company）。該公司位在美國的緬因州，當時是用他所擁有的公司的股票，也就是 1.6% 伯克夏公司（Berkshire Hethaway Inc，也譯作巴郡投資公司）的股票交易而成。1993 年時這家鞋廠年產能高達七百五十萬雙鞋，主要的客戶是美國的百貨公司，如 J C Penny（傑西潘尼是美國最大的連鎖百貨商店之一）、Nordstrom（諾德斯特龍百貨公司是一家美國高檔時裝零售公司）等。不到八年，這家工廠就不敵低價鞋類進口的競爭，於 2001 年關門大吉，部分人員併入布朗鞋業公司（Brown Shoe Company）。這一件投資，可說是巴菲特一生中最失敗的投資。巴菲特的投資標的並非每次都成功的，然而這次投資最

大的錯誤，就在於他是用股票交換，而非用現金購買，因為在 2017 年，這些股票已然漲到美金七十億元的市值，諷刺的是當年買的鞋廠已經不見了——這是他一生最糟的投資！巴菲特在 2008 年寫給股東的公開信中承認自己的錯誤，首先他投資在一個沒有競爭力的美國製鞋業者，更大的錯誤就是沒有付現金而用伯克夏公司的股票交易，使得損失更加慘重。在那封公開信中，他引用美國鄉村音樂創作歌手包比・貝爾（Bobby Bare，1935-）當時流行的一首歌，〈我從來不曾想和一個醜女上床〉的一句歌詞來調侃自己：

I've never gone to bed with an ugly woman, but I've sure woke up with a few.（我從來不曾想和一個醜女人上床，但我確定好幾次醒來邊上躺著的就是。）

雖然巴菲特用此歌詞自我解嘲說，他以後也許還會做出錯誤的投資，但到今天，他的投資報酬率還是比美國標準普爾五百指數好太多了。

巴菲特的公司投資每年平均回報有 19%，他的

公司 A 股現在價值是美金每股二萬七千元上下，從來沒有分割過。伯克夏公司是美國可口可樂公司的最大股東，同時也是富國銀行集團（Wells Fargo & Company）的最大股東。巴菲特投資在保險業及傳統工業比較多，但最近幾年，除了航空業，他也投資了不少科技公司，蘋果公司是其中之一，他現在已經擁有蘋果公司的 2.5% 股份，但也把原本擁有的 IBM 所有股份都出清了。

1993 年正好是台灣的鞋廠在中國大陸布局完成，大展身手的時候（當時中國大陸的人工平均月薪不到人民幣二百元）。巴菲特沒有注意到美國製鞋工業的競爭力已大不如前，率爾買下了德克斯特鞋業公司，損失是注定的。去年（2017）美國最大的鞋業零售商寶倫鞋業（Payless）已經申請破產保護，今年（2018）女鞋大牌耐威斯特（Nine West）也將要步入後塵，所以台灣及大陸的製鞋業者也要注意，謹慎因應。因為，過去二十年以來，鞋業的零售價格，基本上遠遠追不上物價指數──除了幾家超級名牌是少數例外，一般鞋廠根本經營困難。所以，要把增加的成本轉嫁

到售價上是很困難的，除非另找便宜的人工了。而所謂的自動化及機器人製造方式，只要有足夠低廉人工供應情況下，短期內也不容易取代現有的生產過程。最近五十年，製鞋的基地，逐漸從美國的新英格蘭地區，轉移到日本、韓國、台灣、中國大陸、越南、印尼‧菲律賓、柬埔寨、寮國、緬甸，甚至到孟加拉去，就是看到勞動力充沛，並且人工低廉。相對而言，中南美洲由於距離、語言及文化差異，要大量發展製鞋工業生產鏈並不容易。

套句美國五星上將麥克‧阿瑟講過的名言：「老兵不死，只是凋零。」（Old soldier never dies, just faded away.）未來，任何國家或地區的鞋廠，可能都會面對類似的命運：「製鞋業不死，只是凋零。」真是令人感傷！

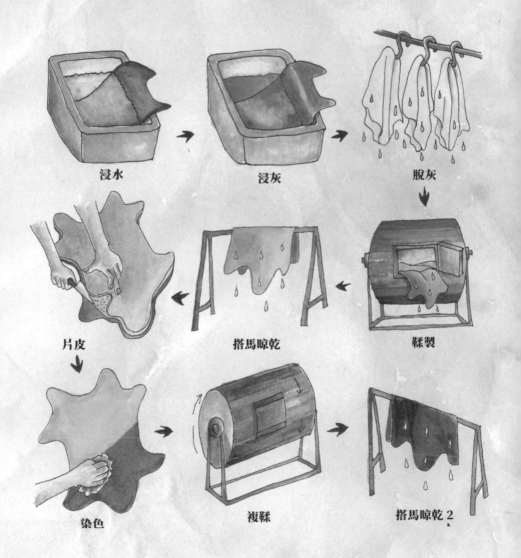

浸水　　　　　　　　浸灰　　　　　　　　脫灰

片皮　　　　　　搭馬晾乾　　　　　　鞣製

染色　　　　　　　複鞣　　　　　　搭馬晾乾 2

第三輯

皮革・製程

皮革的製程

皮革鞣製的目的，就是要把會腐敗的生皮，轉變為可以長久保存的革。我們把這個過程，用比較簡單的方式介紹一下。不過，值得留意的是，這些過程的每個環節其實都很重要，一個差錯，就會產生皮革廠重大的損失。生皮在屠宰工廠，從動物身上取得後，必須用鹽醃（最常見）、乾燥（皮乾，非洲大陸常用）、冷凍、真空等方式運送到皮革廠。通常會加入防腐劑和殺菌劑，在以下過程也是適合用。

鞣製前程序

1. 浸水（soaking）：由於生皮在高鹽分及乾燥情況下，需要讓水充分地進入皮革，才可以開始鞣皮的步驟。這個時候需要加入表面活性劑、回濕劑、浸水酶等化工原料，酸鹼值在 9.5 至 10 之間，溫度在攝氏二十六度左右。有些工廠用大轉鼓，也有用划槽方式（類似以前船上用的推進工具）。

2. 浸灰（liming）：目的在於去毛、增厚、拉緊內纖維，去蛋白質、讓皮身內有空間讓化料進入。出鼓後要去肉，有些工廠在這個過程後，根據市場及產品需要，在這時就做片皮工序，把皮開二層，一般做沙發皮革都是這樣開剖。酸鹼值控制在

12.5 至 13 之間。

3. 脫灰（deliming）：目的是去除殘留石灰，恢復皮革厚度，也要把酸鹼值降至 7 至 8 之間，讓皮身內的酸鹼值一致。

4. 軟化：加酶，使皮身變軟，分解蛋白質，提升溫度在攝氏三十六度，酸鹼值在 8 左右，然後要加入冷水使酶的反應停止。

5. 浸酸：把轉鼓液酸鹼值降至 2.8 左右，通常用甲酸，也有用硫酸（要非常小心），以作為鞣皮的準備工作。

鞣製

鞣皮，一般都已經改用大轉鼓，酸鹼值控制在 2.6 至 2.8 之間，讓鞣劑緩和地進入皮身吸收。鞣劑的種類有金屬鞣，主要是鉻單寧（chrome tanning），目前是市場上的主要鞣劑。通常鹽基度 33 的氧化鉻，比較常用，易於溶解在低酸鹼值的液體中；50 度的氧化鉻可溶於酸鹼值較高的液體中，分子量大，可以產生豐滿的皮身。其他的金屬單寧，還包括鋁、鋯、鐵、鈦等，但並非主要的鞣劑。

植物鞣皮，主要是用樹皮的抽取物的植物鞣劑，通常是荊樹栲膠（mimosa）、堅木栲膠（quebracho）、栗木栲膠（chestnut）、塔拉（Tara）。目前還有很多的工廠專門生產

植鞣皮，有一些還是使用古老的水池浸鞣法（pit tan），而沒有採用比較方便及快速的轉鼓鞣皮方式。

醛鞣皮，以及合成鞣皮，一直以來都是有工廠使用，而且有些強調非金屬鞣皮（metal free）的環保皮，但並非是市場的主力產品。

在鞣皮過程後必須要提鹼，讓羥基（OH）與膠原蛋白產生反應，使鞣劑固定在皮身上，通常用小蘇打、氧化鎂提升鹼度。

再來出鼓、搭馬，靜置數天或一週，讓皮革中的化料反應可以繼續完成。在鉻單寧鞣皮完成後，就成為了藍濕皮，而有些用醛鞣或是合成鞣的可以生產出白濕皮。

複鞣前程序（Retanning Process）

複鞣處理，是決定皮胚性質及風格的重要步驟，也是可以改善藍濕皮（wet blue）的不足地方。先把下列工作做好，然後才能開始複鞣。

1. **擠水（sammying）**：把皮革重量減輕。

2. **片皮（splitting）**：除了在灰皮階段片皮之外，大部分的鞋面革都是在藍濕皮階段片皮，依客戶要求頭層片成比如 1.6mm 至 2.2mm 厚度，然後剩下的就是二層皮。

3. **削勻（shaving）**：把皮背後的皮屑削到平整的地步，也是可以把厚度削得精準。

複鞣

複鞣是對於皮革成品很關鍵的過程，皮革的緊實或是鬆軟、油蠟皮或是防水皮的製作，都需要在複鞣過程中完成。而且，目前很多皮革廠都是從藍濕皮開始生產，而非從生皮開始生產。以下過程是在水場轉鼓中進行及完成。

1. **回水**：讓皮身再次充滿水分，然後才能與皮革化料充分反應，回水關係到皮身的緊實。

2. **複鞣（re-chrome）**：有些藍濕皮需要再次加入鉻粉，然後皮才能結實，不會鬆面。

3. **中和（neutralisation）**：把皮身的酸鹼值提升到 4 至 4.5，讓化料容易吸收。

複鞣材料除了一些酸、鹼化工原料外，主要有天然單寧（植物鞣劑）、合成鞣劑、蛋白填料、丙烯酸聚合物、油脂（包括動物油、植物油、礦物油、合成油）、有機硅（防水皮用）、染料（酸性、滲透性、表面），複鞣配方視皮革製品的目的會改變，不是一成不變。

4. 搭馬：出鼓後要搭馬過夜，通常需要十二小時以上。搭馬就是把濕的皮身掛在類似馬背上的工具，讓化料可以固定在皮上。

5. 擠水伸展：把水分壓擠出來，然後用伸展方式把皮張大。

6. 真空乾燥：在皮革廠的設備中，乾燥機是很重要的，利用高溫（攝氏四十五至五十度）及吸力，可以把皮面做得細緻及平整。但是，並非所有皮都適合真空乾燥。很多皮從擠水伸展後，就用吊掛方式空氣乾燥。

7. 張板（toggle）：把皮拉開拉大，以增加皮革面積（得革率）。然而，張板也是有其限度，如果拉得太大，可能影響到皮革纖維，容易導致皮革鬆面（loose grain）問題。

複鞣過程比較初鞣而言，污染比較少，所以愈來愈多的皮革廠都從藍濕皮開始，用水量也少很多，也降低處理廢水排放的成本。

皮革廠的水場及塗飾車間的照片

淺說皮革表面處理
皮革為什麼
表面要塗飾？

皮革生產到皮胚（crust）的階段，不管有沒有經過水場染色製

造過程，已經是個半成品了，也是可以拿去做一些皮革製品。

那麼，為什麼要做表面塗飾？

主要是由於下列原因：

1. 很多皮胚，不管是牛、羊、豬皮等，都會有大小不同的瑕疵，

   必須做一些塗飾來遮傷補殘。

2. 使外觀更均勻，賣相更好，消費者能夠接受。

3. 要達到客戶對於顏色、手感及流行趨勢的要求。

4. 加強物理性能、易於保養或是清洗性能，增加皮革製品的耐用

   程度。

5. 製造各種不同的效果，比如雙色（two tone effect）、擦色效

   果（brush-off Effect）、油變色革（oil pull-up effect）等。

6. 提升皮革的檔次，把一些皮面較次的皮胚，提高利用率。

7. 製造出仿全粒面皮革的質感，尤其是對修面革（corrected

   grain）。

8.表面塗飾可以提高二層革（或稱榔皮）的利用價值及銷售價格。

皮革塗飾的種類

1. 苯胺效應（Aniline Finish）

一般來說，只有皮面完好的皮胚，才能挑選做成苯胺革（也稱為苯染革）。原則上由皮革水廠染好色的皮胚，几須做到最簡單的塗飾，盡量保持皮革的原色、質感和紋路，所以不需要任何塗（顏）料（pigment）來做遮蓋。宋代蘇軾的名詩〈飲湖上初晴後雨〉曰：「若把西湖比西子，濃妝淡抹總相宜。」美女西施怎樣看都美，杭州的西湖也一樣，麗質天生，風情萬種。苯胺革就是天生麗質，不需要太多的塗抹。所以，如果使用化工原料，通常是一些手感劑，例如蠟劑、油脂，有時候可以加上樹脂或酪素，作為一個保護層。此外，也可以加入一些表層光油，增強耐刮性或耐水性。在大部分情況下，苯胺革都是全粒面皮革，這也正是苯胺革價格高昂的原因。

2. 半苯胺效應（Semi-Aniline Finish）

顧名思義，半苯胺革就是近似苯胺革，但表面塗飾的化料，有使用到具有遮蓋效果的顏料，所以叫做半苯胺革。主要是因為皮胚有點瑕疵，所以需要用顏料上色以增加美感。由於市場上

145

沒有這麼多優良皮胚，這些次級皮胚自然需要輕微用砂紙修一下面，把一些小瑕疵給磨平，然後再做表面塗飾。

3. 塗料效應（Pigment Finish）

如同我們上面所言，有些較次等級的皮胚，質地有不少瑕疵，比如刺刮傷明顯、皮革紋路鬆弛，還有一些部位差異大、生長紋突現，這些皮胚就是需要重修——也就是說，需要用砂紙磨面一次或多次，把瑕疵給修平。有些還必須以壓花方式，提高利用價值，例如壓成常見的大小荔枝紋或毛細孔紋等，做成仿粒面皮革的效果。目前在市面販售最多的皮革，諸如沙發革、壓花革，甚至白色運動鞋革，不勝枚舉，大部分都是塗料革。

初學者認識皮革表面塗飾的準備及製作過程

在皮革廠水場複鞣的部分，提鹼降酸，是很重要的過程。水場完成的產品就是皮胚，大部分都會做表面塗飾，而在塗飾方面酸鹼值相對地就沒有那麼重要。但是，也需要了解化工原料的特色，例如 PH 值高低，大家知道可口可樂的 PH 值是 3（甚至是 3 以下）嗎？現在，就把皮革表面塗飾的準備及製作過程，介紹如下。（但並非所有皮革都必須照這個過程製作。）

開邊或全幅 side or full hide[1]

皮胚 crust

量呎 measuring

噴水 moist

乾伸展 dry toggle

填充 impregnating

1　牛皮除了做沙發革外，大部分都會開一半（這是因為考量生產設備的成本所致），而小牛、羊皮、豬皮都不會開邊。

乾燥 dry

塗飾機器 finishing machine

滾塗 roller coating

噴塗 spray coating

淋幕 curtain coating

製造過程中會使用到的機器包含：磨皮機 buffing machine、皮革打軟機 staking machine、壓皮機 embossing or press machine、熨光機 ironing machine、打光機 polishing machine、轉鼓（摔軟）milling drum、量皮機 measuring machine 等等。

不同皮革的表面處理方式則分為三種：

苯染革（Aninline Leather）

通常是以水場鼓染（drum dying）的皮胚為主，表面處理方式以樹脂、油、蠟為主，不用遮蓋性強的塗料。通常以全粒面皮革級數高的、紋路優美，或沒有什麼瑕疵的皮革會做成苯染皮革。

半苯染革（Semi-Aniline Leather）

有些染色的皮胚，由於皮面不是那麼完美，刺刮傷多，所以就輕磨皮面，用有遮蓋性的塗料及樹脂，做出近似苯染效果，提升皮革等級。

塗料革（Pigmented Leather）

由於完美的皮胚畢竟佔少數，所以大部分的皮都會拿來做塗料皮。個別客戶對於物理性的要求不一定相同，塗料革可以做出耐磨耐刮，也可以壓出不同的紋路。總之，配合市場的需求，顧客至上。實際上，大部分的皮革製品都是以塗料皮革為主力。皮革製品種類繁多，不同的用途，表面塗飾要求差異很大，例如鞋革、包袋革、沙發革、汽車座墊革、服裝革等，無論是在手感或物理性要求上，都可能有所不同。

以上就是簡單地介紹皮革表面塗飾方法，真正要入行的話，需要學習的還更多。這是最簡單的介紹。皮革表面處理是一門很大的學問，對於化工材料的選擇及應用，可以決定皮革成品等級及價格的好壞。

隨著表面後處理不同，
成品的色澤也會不同

149

皮革塗飾教材綱要

塗飾的目的主要有以下幾點：

- 使外觀更均勻，賣相更好。

- 要達到客戶對顏色、手感和塗飾效果的要求。

- 加強物理性能、易清洗性能，增加耐用程度等。

- 達到各種特殊效應。

- 提升皮革成品的檔次。

- 製造仿粒面效果，尤其是修面及二層。

1-1 皮革塗飾種類

- 苯胺效應

- 半苯胺效應

- 塗料效應

1-2 原材料的選擇（原皮種類）

- 黃牛
- 鹿
- 鴕鳥……等

- 水牛
- 豬

- 山羊
- 爬蟲類

- 綿羊
- 馬

1-3 皮革種類

- 全粒面
- 輕修或半粒面
- 修面
- 雙面毛
- 二層
- 磨砂、絨面等

2
基本塗飾流程

2-1 皮胚開始

1. 噴染填充

2. 封底層

3. 底塗層

4. 中層保護層：壓花紋／摔軟

5. 頂塗層：溶劑／水性

6. 手感劑

重點提醒：塗飾前必須準備的事項：分類及選擇適當的皮胚等級，愈接近樣板愈好做。

2-2 檢查皮胚的物理性能

- 爆強度

- 吸水性

- 粒面強度

2-3 了解客戶對物理性能的要求

- 耐曲折
- 接著力
- 耐乾濕摩擦
- 耐溶劑／耐甲苯
- 耐水洗／乾洗
- 耐光性

2-4 填充的重點

- 滲透速度
- 滲透深度

重點提醒：塗布量填充樹脂的選擇 → 可做第二次填充

2-5 封底層

- 促進皮面均勻的吸收性
- 促進接著力
- 使底塗多些在表面增加遮蓋力
- 促進軟度

2-6 成品質量檢測

- 顏色
- 塗飾效果：光澤、手感、軟度
- 厚度

2-7 成品質量問題

- 爆面
- 掉漿／掉面
- 鬆面
- 耐乾濕摩擦差

2-8 品質亦決定於管理

- 整理
- 整頓
- 整齊
- 整潔

3 塗飾材料

3-1 樹脂

包含四大類：

1. 丙烯酸
3. 聚氨酯
2. 丁二烯
4. 優生

重點提醒：樹脂的測試及分析法

作樹脂膜可觀察以下幾點：

- 透明度
- 延伸性
- 黏度
- 流平性
- 厚或薄膜
- 耐溶劑性
- 柔軟度
- 耐水性
- 堅韌度

應用測試可觀察：

- 離板性
- 飽滿度
- 填充性
- 易噴性
- 遮蓋力
- 易刷性
- 軟硬度
- 相溶性
- 流平性

3-2 顏料膏

包含三大類：

1. 含樹脂　　2. 不含蛋白質　　3. 含蛋白質

重點：

- 穩定性
- 遮蓋力
- 不分層或結塊
- 物理性能
- 沉澱
- 顆粒細度

塗應用法

(a) 顏料膏對樹脂的比例簡介（按 40% 的樹脂固體成分）

	樹脂	塗料
全粒面	1.5-3	1
修面	3-4.5	1
二層	4-6	1

(b) 樹脂對顏料膏比例的計算方法

水	300
RA-2356	100
RC-1761	100
RU-3906	100
RU-3989	50
FI-50	50
FI-1261	50
BI-18-128	50
PP-18-000	100

樹脂	固含量
RA-2356	20%
RC-1761	24%
RU-3906	35%
RU-3989	20%

簡易的塗飾產品試驗及評估

(a) 工藝程序

預備 A4 修面及全粒面皮胚。請用以下標準配方做試驗:

樹脂（按 40% 固含量）	200 克
水	200 克
PP-18-085	100 克

(b) 觀察

- 填充性
- 離板性
- 遮蓋性
- 易噴性
- 易刷性

(c) 成品後物性檢測

- 耐甲苯／耐丙酮
- 耐水性

為什麼需要填料／蠟劑？

- 改善離板性
- 封閉粒面傷殘
- 改善堆積性
- 改善塗層手感及保持皮革柔軟度
- 加強遮蓋力

蠟劑	填料
FI-50	FI-1261
FI-242	WD-1708
FI-17-701	FI-18-152
EX-63636	FI1274
FI-1241	FI-18-160
FI-1283	FI-18-153
FI-1285	
FI-614	

3-3 酪素

包含兩大類：

1. 天然酪素　　　　2. 改性酪素

重點：

- 改善堆積性／防黏

- 耐高溫

- 增進塗飾的自然光澤

- 抗溶劑性優良

- 乾摩擦性優良

- 耐濕摩擦差

簡易的塗飾產品試驗及評估

(a) 工藝程序

預備 A4 修面及全粒面皮胚。請用以下標準配方做試驗：

水	200 克
RA-2356	100 克
RA-1079	100 克
RB-1173	75 克
填料或酪素	50 克
PP-18-059	100 克

(b) 修面

水	200 克
RA-10	100 克
RB-1173	150 克
填料或酪素	50 克
PP-18-059	100 克

可觀察：

- 填充性
- 離板性
- 遮蓋性
- 易噴性
- 易刷性

3-4 光油

光油的作用：

- 保護熱可塑性底塗層
- 調整外觀手感及光澤度
- 防黏及不容易引燃
- 增強物理性能
- 加強防污性

光油有三大類：

- 硝化棉（水油兩性）

- 醋酸棉（水油兩性）

- 聚氨酯（水油兩性）

重點：

- 穩定性
- 耐光性能

- 手感
- 相溶性

- 光澤度及光澤持久性

簡易的塗飾產品試驗及評估

(a) 工藝程序

- 預備 A4 做好底塗的全粒面皮革

- 濕噴一次保護光油（水油兩性都要）

- 壓光板→根據建議溫度／ 50 公斤壓力

- 溶劑性光油再噴一次

- 後再壓光板→根據建議溫度／ 50 公斤壓力

(b) 觀察

- 流平性
- 手感

- 光澤度
- 乾濕摩擦

3-5 交聯劑

交聯劑能起什麼作用？

加強物性，尤其是耐水性、耐溶劑性及耐刮性。用於聚氨酯頂飾劑 WT（5-10%）或底塗樹脂層（1-1.5%）。

重點：

• 須在四至六小時內用完

• 須在最短的時間內再塗飾

3-6 助劑

滲透劑：

• 減低皮胚表面張

• 促進均勻的滲透

Eg: PT-4235, PT-6507, PT-415

流平劑：

• 減低塗層本身的表面張力

• 減少滾塗痕或刷痕

Eg: LA-6188, LA-1640, LA-1653

增稠劑：

RM-4420 底塗

RM-4414 頂塗

RM-4442, WT 頂塗

4
滾塗及拋光

4-1 為什麼滾塗？

- 節省化工材料
- 更精確地控制塗布量
- 平整度及平細度更好
- 接著力更好
- 如用順向封底手感會更柔軟
- 減少污染
- 塗布量控制的好，乾燥時間會較短
- 更容易操作
- 滾塗的重點
- 如何控制塗布量
- 篩網格的粗細及槽的深淺
- 每平方公分的篩網格數目
- 滾輪與輸送帶的速度比例

4-2 如何做好滾塗？

- 滾輪的選擇

- 塗飾液的稠度控制

- 塗飾配方的控制

- 化工材料選擇

- 其他操作機器的配合

4-3 為什麼要拋光？

- 加強粒面平整度

- 封閉及不顯傷殘

- 改善外觀及手感

- 製造雙色效應

- 做仿打光革

- 拋光前須注意事項

- 檢查皮胚粒面的緊實性

- 檢查皮胚的吸水性及耐拋性

- 拋光水要有良好的滲透性及易拋性

附錄

2012 波隆尼亞皮革展（LINEAPELLE）參觀心得

一、今年參觀展覽人數，明顯比去年增加。有人說皮革廠及鞋廠生意不好，所以大家都出來看展。但是，我個人感覺應該是正面的，尤其是酒店都爆滿，我必須住在六十公里外的莫典那（Modena，法拉利跑車總部）鄉下，而且價錢比平日漲了兩倍。如果是住在波隆尼亞（Bologna）市區中高檔酒店，沒有三百歐元是不可能的。其實，烏鴉不必笑豬黑，在廣州交易會的全盛時期，酒店一房難求，不也一樣隨意拉抬費用嗎？你說義大利經濟衰退，但高速公路上天天塞車，比廣深高（廣州－深圳高速公路）好不到哪兒。義大利的增值稅現在是21%，明年為了平衡預算，要漲到23%，義大利人幸福嗎？

在會展中遇到一些老朋友，惠州兆吉（Top Gloria）鞋廠的陳董、上海柯通尼的廖董、台灣德昌皮廠的白董、廣州中港皮業的鄧小姐。其他還有從溫

州及福建來的鞋廠商家也組團參觀，台灣也有一些從
事貿易及設計開發的年輕人在尋找機會。

二、皮革展的重頭戲，當然還是在流行上面，歷
久不衰的漆皮，今年還是熱門。不過，今日的漆皮已
經在柔軟度上做到近似納帕革，味道也像；而且，表
面塗飾上，有油蠟變色效果，或添加上雙色效果（two
tone effect），甚至接近汽車表面的金屬光，也有帶
螢光效果的。除了在平滑鏡面效果外，動物紋路、爬
蟲類紋路，也做成鏡面效果。歐洲人做的漆皮，不僅
在水場上面注意到柔軟度，也捨得用中小牛皮胚，所
以在手感上面感覺不同，售價也高人一階。

傳統的納帕革，也是重點展示的一部分，但幾乎
都是強調苯染或油蠟變色風革，所以對皮面的要求也
高。至於壓花或重塗飾的皮革已經絕跡，可能這類的
原皮都拿去做傢俱革或汽車座椅了。另外，全粒面自
然摔的起紋革也是重點，因為粒面紋路凸凹分明，立
體感相當強，是名牌包袋的第一選擇。而帶毛之牛革
及馬革，除了印染成不同色彩、鮮豔亮麗外，也帶有

絲綢般的手感。其他，如移轉貼膜（transfer foil）的大蟒蛇紋，配合各種不同色系組合，也成了時尚之主流。這股爬蟲類風潮，可能還會延續一陣子，這也對皮革廠較差皮面之頭層或二層革提供了好出路，可以提升產品之風格及價值。

許多年前，義大利皮革展的重頭戲，都放在皮革化工參展商，場面既大，產品也是變化多端。近些年來，由於成本因素，或是市場漸趨飽和之因素，廠商展出的規模愈來愈小，甚至不來了；反倒是上海皮展，還有不少化工商參加。

三、我在 1984 年，第一次以朝聖心情，參觀全球首屈一指之巴黎皮革展（Semain du Cuir）。當年台灣的鞋廠大都是做 PU 鞋、PVC 鞋，而皮廠則生產運動鞋白皮或是二層反毛為主。時過境遷，今日之巴黎皮展已成為地區展，而台灣幾乎流失了 95% 的鞋廠，令人不安。不知道台灣的年輕人，是否還能承接昔日之光榮，繼續在世界鞋業舞台上發揚光大。巴黎皮展何以沒落了？我想，原因太多，主要原因還是在於法

國的皮革及製鞋工業缺乏競爭力，在世界上已無足輕
重。雖然巴黎是個迷人的城市，香榭大道上名店櫛比
鱗次，塞納河上無限風光，終究抵擋不過義大利皮革
展對世界的吸引力。於是，全球皮革展先是移轉到米
蘭，再長期落戶在波隆尼亞。我最後一次去巴黎皮展
是在 1992 年，之後只有去旅遊，再也沒去皮展了。

　　四、波隆尼亞，以中國標準，只是個人口不到
四十萬的小城市。不過，這個小城不僅是個歷史名城，
世界最古老的大學也在這裡誕生，那就是在西元 1088
年設立的波隆尼亞大學。這裡也是個工業中心，有個
男鞋世界名牌，A. Testoni（鐵獅東尼）的工廠及營
運總部就是在這兒。波隆尼亞皮展可觀之處，不僅在
於展示產品多元化，更令人欣賞的是個別展館設計，
不時可以看到新潮的作品獨具匠心；也有不少設計師
的專櫃，擺放他們自己的作品；此外，世界各地的設
計學校也來參展，甚至在當場招生。2012 年開放了
九個展館，16、18、19、20、22 號館主要是世界各
地的皮革廠展位，21、26、29、30 號展館則是零配
件、表面處理、設計師及培訓學校，以及出版物。另

外，也有機器展示，主要是在 34、35 號館，有不少
自動化生產設備展出，比方電腦掃描及排版切割皮面
設備。這些科技設備價格不菲，如果要普及，可能要
花一段時間。

每年舉辦兩次的 LINEAPELLE 國際貿易展覽會

2019 年 10 月
米蘭皮革展參觀・後記

今年秋季米蘭皮革展，背景主題是紅色，所以一進去 13 號展館，就看到了大紅的頂幕。這個區域是給設計師挑選材料，因為都是新開發的產品，所以不准照相。今年特色是展現很多帶著皮毛（革）的材料。一般來說，不管牛、羊、豬皮鞣製過程中，都會經過脫毛製程，才能展現皮革的粒面質感。而不脫毛（保毛）的生產過程，是比較不一樣的，尤其是在染色技術上，要把皮革的細毛做得顏色鮮豔，也挺不容易的。估計明年流行的色彩，不只是大紅色，我想橘紅色、紫紅色系列，應該也是未來一兩年的主要流行色。

由於全球皮革製品的需求，逐漸接近飽和，加上合成材料低成本及規格化的生產方式，真皮市場受到影響很大。然而，人類的食肉習慣很難改變，所以近年來牛肉的副產品，原皮供應量仍有成長。但可惜的是，牛皮工廠的生意卻不能夠配合成長，造成生牛皮

2019 秋季米蘭皮革展

的價格大跌，尤其是製造鉻鞣牛皮的皮革工廠，牛皮成品價格也走低不少。這種現象，還好並沒有發生在生產植鞣牛皮的工廠。今年，參加展覽的植鞣皮廠商不僅變多了，展位也變得更大，在價格上也是硬挺，沒有什麼議價空間。可見，只要是市場認可的產品及品質，不僅生意好，毛利率也可以比別人高。很多人認為植鞣牛皮一定是硬而結實，現在義大利皮廠，卻也可以把植鞣牛皮做到納帕皮般的手感及軟度。

　　有些做皮衣外套的工廠，也把羽絨包在皮革內裡，比用合成材料的羽絨外套更好，而且手感相當不錯。

2019 年米蘭皮展，
作者與意大利名廠 INCAS 的市場總監 Giancarlo 合影

　　米蘭皮革展，除了皮革及合成材料外，也有製鞋的原材料及金屬配件、表面處理劑等面部、底部材料，應有盡有，值得大家去看看。

　　也不知道曾幾何時，義大利成為了抽煙王國，到處都是煙味，真叫人吃不消。以前只覺得中國大陸抽煙人口多，沒想到，義大利更是不遑多讓，現在幾乎無處無人不抽煙，男女老少都有，火車站月台上，或是等車時，都有人吸煙。好在機場內全面禁煙，總算能略得紓解。

義大利食品價格，比較德國為高，比起瑞士就低多了！除了法國之外，家樂福可能在義大利是開得最多的國家之一，也有二十四小時營業的。

　　義大利真的是現代國家嗎？到米蘭中央火車站郵局，買張郵票寄明信片，排隊等候三十分鐘，然後又花了五分鐘才在櫃台拿到。更離譜的是，從義大利寄一張明信片到香港需要貼 2.4 歐元郵票，超過台幣七十五元！

　　那坡里披薩是不是義大利最好吃的披薩？我個人覺得在波隆那吃的比較合我胃口。不過，一分錢一分貨，沒有定論。不知道是不是自己味口變淡了，還是義大利的食物都太鹹了！除了沙拉之外。

　　在義大利的日本料理店，有不少是華人開的，味道不怎麼樣！比較台灣的差別大，台灣的日本料理連日本人也喜歡。

　　義大利有先進的高速鐵路，也有破破爛爛的地方區域的老火車。高速鐵路拿坡里到米蘭，只停羅馬及波隆那，只要四個小時多一點，又穩又快。

　　義大利坐紅箭特快列車（Freeciarosa）一等艙，用歐洲鐵路通票（Eurail Pass）訂位要付十元歐羅，如果在車上補訂，則要二十元，在德國及瑞士則都不用付訂位錢。

　　義大利南北差異很大，米蘭與那坡里兩者彼此好像是分屬於不同國家，風情大不相同，滿有意思的。

　　總結之，義大利治安與以前相比並沒有更壞，我個人覺得甚至還比法國好些。另外，現在處處有警察與軍人一起巡邏，可能是防止恐襲事件發生吧，也增加了我的安全感。

義大利精品 IL BISONTE 的兩位合夥人，
從事植鞣皮革製作五十年

國家圖書館出版品預行編目 (CIP) 資料

皮革與生活 / 張岱明作 . -- 臺北市：致出版 , 2021.05
面；　公分
ISBN（平裝）
ISBN 978-986-5573-14-0(平裝)
1. 皮革 2. 手工藝
426.65　　　　　　　　　　　　　　110005350

皮革與生活

作　　者　張岱明

責任編輯　洪聖翔、杜芳琪

插　　畫　鄭素月

封面設計　王嵩賀

圖文排版　楊廣榕

出版策劃　致出版

製作銷售　秀威資訊科技股份有限公司

　　　　　114 台北市內湖區瑞光路 76 巷 69 號 2 樓

　　　　　電話：+886-2-2796-3638

　　　　　傳真：+886-2-2796-1377

網路訂購　秀威書店：http:/store.showwe.tw

　　　　　博客來網路書店：http://www.books.com.tw

　　　　　三民網路書店：http://www.m.sanmin.com.tw

　　　　　讀冊生活：http://www.taaze.tw

出版日期　2021 年 5 月　　定價　280 元

致 出 版

向出版者致敬